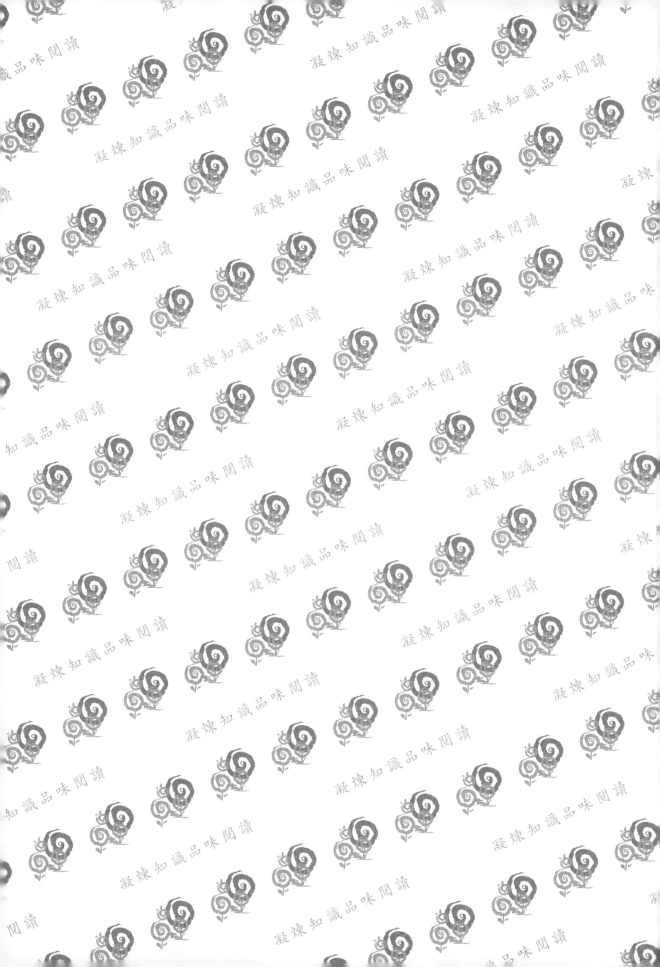

策略管理

戴國良 博士 著

實務個案分析

第7版

五南圖書出版公司 印行

序

❖本書緣起

「策略管理」通常是管理學院企管系四年級的必修課,也是企管碩士班及 EMBA 的必修課。而就企業實務上來說,「策略管理」亦經常是董事長、總 經理、各專業部門副總經理及高階幕僚副總,在工作上的重要使用工具及決策 判斷的依據來源。

然而,「策略管理」教科書內容,大致上都只是傳授有關策略的理論、策 略的名詞、策略的程序、策略的架構,以及策略的分析等,仍然著重在理論的 層次較多。當然,這也是策略入門知識的基本功與訓練,是初步的基礎。

而我們更重視的是,要知道到底策略管理應如何運用在實務上,尤其企業 或集團在面對激烈競爭環境變動之時,他們應如何因應及改革。或者是他們為 何能夠永續經營,而取得市場領先地位。

因此,《策略管理:實務個案分析》就提供了這樣一種質問、思考、辯 論、設想與解決的訓練過程。同時,這也是一種問題分析與解決問題能力的提 升,更是一種全方位與全架構的知識與常識的充實。

❖本書的三大特色

特色一:個案簡潔流暢及易懂。本書捨棄傳統翻譯自美國我們不太了解的 公司個案教科書的來源及架構,避掉遙不可及的感受,以及生澀的直譯文字。 流暢簡潔文字,讀來令人完全理解。

特色二:最具國際觀、全球化並兼具在地化的策略個案實戰記錄。本書一 方面採用 48 個臺灣企業的個案為例,讓讀者有高度熟悉感與親切感。另一方 面,也有一大部分個案內容取材自日本、韓國、美國等國外一流與知名企業的 個案,其經過扼要重點整理及清晰完整改寫,亦能令人輕易了解個案所描述的 重點及意義。兩者結合,在國際觀及全球化的策略經營管理實務方面,具有宏 大視野及制高點格局。

特色三:重視應用價值與深度思考的實戰知識。本書所整理的 19 個國外

企業及國內 48 個個案，都屬於短篇個案，並不像外國教科書的長篇大論。其主要目的是希望藉由短篇個案，更能有效集中某事件的理論掌握、理解及聚焦學習。學習並不在於多長、多深，而在於是否真的理解吸收，並且能夠在未來加以靈活運用，這就有了價值。此點，請切記之。如果每個個案能夠學到一、二樣有用的知識及理念，累積下來，就有了上百個知識及理念，亦即能夠在個人決策思維及能力上提升。

❖ 感恩與祝福

　　本書的順利出版，感謝我的家人、我的世新大學學校長官同事、我過去工作過的公司老闆、我的學生們，以及五南圖書出版公司。由於您們的鼓勵與支持，才會有本書的誕生。

作者　戴國良

敬上

taikuo@mail.shu.edu.tw

目　錄

序

第一篇　能者為師──臺灣企業策略管理個案（48 個個案）⋯⋯⋯⋯⋯⋯ 001

個案 1　統一超商──全臺最大零售龍頭的經營祕訣 / 003

個案 2　統一企業──臺灣最大食品飲料集團關鍵成功因素 / 008

個案 3　統一泡麵──長青 50 年，屹立不搖的行銷祕訣 / 013

個案 4　統一超商集團──持續成長、成功的經營祕訣 / 018

個案 5　精工錶（SEIKO）──中價位手錶的領導品牌 / 021

個案 6　臺灣花王──國內第一大日常消費品公司經營成功祕訣 / 026

個案 7　臺灣 Sony──家電、通訊、遊戲多元化產業的領導品牌 / 031

個案 8　臺灣日立──臺灣第一大冷氣機品牌的經營祕訣 / 037

個案 9　臺灣松下電器──在臺成功的經營心法 / 043

個案 10　COSTCO（好市多）──全球第二大零售公司經營成功祕訣 / 049

個案 11　家樂福──臺灣最大本土量販店的成功祕笈 / 055

個案 12　寶雅──稱霸國內美妝零售王國的經營策略 / 060

個案 13　瓦城──全臺最大泰式連鎖餐飲 / 066

個案 14　和泰汽車 1──臺灣冠軍車的經營祕訣 / 071

個案 15　和泰汽車 2──第一市占率的行銷策略祕笈 / 076

個案 16　三陽機車──9 年逆襲，榮登機車第一名市占率的經營祕訣 / 083

個案 17　寬宏藝術——國內第一大展演公司成功經營之道 / 089

個案 18　恆隆行——代理國外品牌的領航者 / 096

個案 19　旭榮——全臺最大針織布廠的經營成功祕訣 / 101

個案 20　詩肯柚木——柚木家具第一品牌 / 107

個案 21　崇越電通——打造競爭者跨不過的高牆門檻之策略 / 112

個案 22　momo——全臺第一大電商中期 5 年（2024 年～2028 年）營運發展策略、布局規劃與願景目標 / 117

個案 23　順益——臺灣商用車霸主的經營策略 / 122

個案 24　麥味登——早餐連鎖的經營策略 / 128

個案 25　元大金控——成功併購學 / 133

個案 26　王品——第一大餐飲集團的經營成功之道 / 137

個案 27　臺鐵便當——一年賣 7.5 億元小金雞的行銷策略 / 146

個案 28　華泰名品城——如何成為 Outlet 店王 / 150

個案 29　Garmin——從導航產品到智慧穿戴的經營策略布局 / 155

個案 30　娘家——保健品領導品牌成功之祕訣 / 160

個案 31　鮮乳坊——鮮奶界後起之秀的經營策略 / 164

個案 32　欣臨企業——代理國外品牌經營成功之道 / 169

個案 33　福和生鮮農產公司——國內最大截切水果廠商的成功祕訣 / 172

個案 34　乖乖——長青品牌的經營祕訣 / 175

個案 35　櫻花的經營策略 / 180

個案 36　黑橋牌——香腸老品牌多角突圍策略 / 185

個案 37　橘色涮涮屋——火鍋界的 LV 向前衝 / 189

個案 38　源友——臺灣最大咖啡烘焙廠 / 193

個案 39　德麥——臺灣最大烘焙原料廠 / 197

個案 40　南寶樹脂——全球最大鞋用膠水品牌 / 202

個案 41　美廉社──庶民雜貨店的黑馬崛起／206

個案 42　六角國際──加盟品牌平臺中心的成功開拓者／210

個案 43　統一超商：CITY CAFE──全國最大便利店咖啡領導品牌的行銷策略／215

個案 44　麥當勞──國內第一大速食業行銷成功祕訣／221

個案 45　好來牙膏──牙膏市場第一品牌的行銷成功祕訣／227

個案 46　專科──黑馬崛起的保養品／233

個案 47　雅詩蘭黛──中高價位化妝保養品的領導品牌／239

個案 48　花王 Biore──國內保養品第一品牌的行銷策略／245

第二篇　他山之石──國外知名企業策略管理個案（19 個個案） 251

個案 1　象印──日本電子鍋王的經營祕訣／253

個案 2　藏壽司──臺灣第一家上櫃餐飲日商經營策略／257

個案 3　日本 TDK──提早布局，不畏淘汰／261

個案 4　默克──長青企業 352 年的經營祕訣／265

個案 5　LVMH──全球最大名牌精品龍頭／269

個案 6　日本索尼（Sony）──轉虧為盈的經營策略與獲利政策／273

個案 7　日本高絲──化妝品獲利王的經營策略／277

個案 8　日本成城石井──高檔超市的經營成功之道／281

個案 9　日本村田製作所──全球被動元件龍頭的成功策略／286

個案 10　日本樂天──打造成功的會員點數與生態圈經營策略／290

個案 11　優衣庫──連續 2 年獲利創新高的經營祕訣／295

個案 12　東京迪士尼的經營策略與行銷理念──門票、商品、餐飲的營收鐵三角／299

個案 13　露露樂蒙（lululemon）──運動品牌在臺快速成長祕訣／304

個案 14　ZARA——贏在速度經營／309

個案 15　Yodobashi——贏得顧客心高收益經營祕訣／313

個案 16　Walgreens——美國第一大藥妝店行銷致勝祕訣／319

個案 17　寶格麗——頂級尊榮精品異軍突起／324

個案 18　日本商社——引進獲利管理機制，浴火重生／328

個案 19　企業帝國——百年不衰啟示錄／331

第一篇

能者為師——

臺灣企業
策略管理個案

（48 個個案）

個案 1 case one

統一超商

全臺最大零售龍頭的經營祕訣

卓越經營績效

2024 年度，統一超商的年營收額超越 1,900 億元，年度獲利 96 億元，獲利率為 5%，全臺總店數突破 6,900 店，遙遙領先第二名的全家 4,200 店。

統一超商的六大競爭優勢

根據統一超商公司官方網站顯示，統一超商之所以成為臺灣便利商店的龍頭地位及第一品牌，並且遙遙領先競爭對手，主要是多年來創造了以下六大競爭優勢：（註 1）

⑴提供便利、快速、安心且滿足需求的全方位商品力。

⑵建立了完善、合理、雙贏且互利互榮的最佳加盟制度。

⑶具有實力堅強的展店組織團隊及人力，快速展店。

⑷建立完整、強大的倉儲與物流體系，能夠提供及時配送全臺 6,900 多家店面的補貨需求。

⑸有先進、快速的資訊科技與銷售。

⑹引進便利性的各種服務機制。例如：繳交各種收費、ibon 的數位服務機器、ATM 提款機等，對顧客具有高度便利性。

統一超商六大核心能力

統一超商穩健的不敗經營，並且不斷向上成長，其中有 6 項核心能力，使它立於不敗之地。這 6 項核心能力是：

⑴訓練有素且服務良好的人才。

⑵商品：完整、齊全、多元及創新的各式各樣商品。

⑶店面：擁有 6,900 多家門市店，具有標準化又特色化，以及大店化的店面發展。

⑷物流與倉儲：在北、中、南擁有全臺及時物流配送能力。

⑸制度：具備門市店標準化、一致性經營的 S.O.P. 制度及管理要求。

⑹企業文化：統一超商具有勤勞、務實、用心、誠懇與創新的優良企業文化，這是它的發展之根。

統一超商的行銷策略

統一超商擅長於做行銷，其主要重點如下：

⑴ 電視廣告

統一超商每年投入電視廣告約達 3 億元，主要為產品廣告及咖啡廣告；這些巨量的廣告投放，也累積出 7-11 的品牌銷量及認同感。

⑵ 代言人

統一超商最成功的代言人即是 CITY CAFE 的桂綸鎂；自 2007 年起即任代言人，顯示具有正面效益。CITY CAFE 每年銷售 3 億杯，一年創造 135 億元營收，非常驚人。

⑶ 集點行銷

統一超商最早期即率先引導出 Hello Kitty 的集點行銷操作，非常成功，有效提升業績。

⑷ 主題行銷

統一超商每年固定會推出「草莓季」、「母親節蛋糕」、「過年年菜」、「中秋月餅」、「端午粽子」等各式各樣的主題行銷活動，帶動不少業績成長。

⑸ 促銷

統一超商貨架中，經常看到買 2 件 8 折（第二件 6 折）、買 2 送 1、第二杯半價等各式促銷活動，有效拉抬業績成長。

8 項關鍵成功因素

總結歸納來說，統一超商多年來的成功及成長，主要根源於下列 8 項因素：

⑴不斷創新！持續推出新產品、新服務、新店型。

⑵通路據點密布全臺，帶給消費者高度便利性。

⑶堅持產品的品質及安全保障，從無食安問題。

⑷物流體系完美的搭配。

⑸數千位加盟主全力奉獻及投入。

⑹7-11 品牌的信賴性及黏著度極高。

⑺行銷廣宣的成功。

⑻定期促銷，吸引買氣。

（註 1）：此段資料來源，取材自統一超商官網，並經大幅改寫而成。

本個案重要關鍵字

1. 穩居臺灣零售龍頭領導地位
2. 全臺店數突破 6,900 店
3. 真誠、創新、共享的企業文化
4. 創新生活型態與便利安心的商品
5. 強大展店能力
6. 完善的物流體系
7. CSR（企業社會責任）
8. 集點行銷：主題行銷
9. 不斷創新

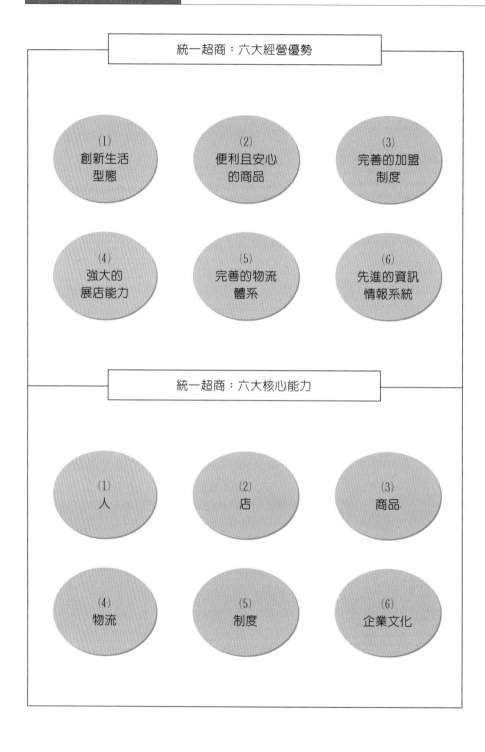

問・題・研・討

1. 請討論統一超商卓越的經營績效如何？
2. 請討論統一超商的六大經營優勢如何？
3. 請討論統一超商的行銷操作為何？
4. 請討論統一超商的 8 項關鍵成功因素為何？
5. 請討論統一超商的六大核心能力如何？
6. 總結來說，從此個案中，您學到了什麼？

個案 2 　case two

統一企業

臺灣最大食品飲料集團關鍵成功因素

集團簡介

　　統一企業是臺灣最大的食品飲料公司，2024 年度的合併年營收額達到 6,000 億元之多，稅前淨利額達 400 億元，獲利率為 8.1%。

　　根據統一企業的公司官網顯示，統一企業轉投資子公司有 27 家之多，比較知名的有：（註 1）統一超商、統一時代百貨、南聯國貿、統一多拿滋、捷盟行銷、統一速達（黑貓宅急便）、博客來網購、統一藥品、康是美、聖德科斯、德記洋行等。

　　而在統一企業本身公司而言，它有五大事業群，包括：⑴食糧群；⑵乳飲群；⑶速食群；⑷綜合食品群；⑸烘焙群。另外，在知名品牌方面，更有高達 40 多個品牌，以下僅列出較重要者：（註 2）

　⑴茶飲料：茶裏王、麥香、純喫茶、飲冰室茶集、美研社、濃韻。

　⑵速食麵：統一麵、滿漢大餐、來一客、科學麵、阿 Q 桶麵、好勁道、拉麵道、滿漢御品、統一脆麵、大補帖。

　⑶鮮奶：瑞穗鮮奶、Dr. Milker、統一營養強化牛乳。

　⑷飲料：統一陽光豆漿、統一蜜豆奶、左岸咖啡、咖啡廣場、AB 優酪乳、瑞穗調味乳、UNI water。

　⑸食品：統一布丁、博客火腿、四季醬油、統一沙拉油、龜甲萬醬油。

關鍵成功因素

統一企業成為臺灣最大的食品飲料公司，其成功的關鍵因素有以下 8 點：

⑴ 產品創新能力強

數十年來，統一企業開創出 40 多個市場上知名品牌，再加上其產品創新能力強大，因此，能夠受到市場與消費者的喜愛。

⑵ 食品安全管控力強

統一企業眾多產品，多年來都沒有在食品安全上出過問題或是因此上報，顯示出統一企業對旗下各產品的原物料、製造生產、物流配送都有非常嚴謹的管控流程及查核點，此亦顯示統一企業對食安問題的高度重視。

⑶ 產品組合完整齊全

統一企業有五大產品事業群及 40 多個品牌，涵蓋整個食品及飲料的產品組合，對經銷商、零售商及消費者都可獲得好處，並形成統一企業的進入障礙，統一企業花了 50 多年的歷史歲月，才打造出今天的產品品牌。

⑷ 海外市場拓展成功

統一企業除國內市場外，還進軍到中國市場及東南亞市場，並且都獲得成功營運。尤其，中國市場的年營業額已是臺灣國內市場的 3 倍之多，顯見海外市場拓展成功。

⑸ 轉投資成功

統一企業轉投資子公司，以統一超商最成功，帶來年營收額 1,900 多億元，其次為統一中國控股公司，也帶來臺幣 1,200 億元的年營收額。

⑹ 綿密的銷售通路

統一企業在國內的銷售通路上，有 6,900 家 7-11 門市店通路的支持，加上自家擁有 320 家家樂福量販店的支持，再加上全聯超市的配合，使得統一企業諸多品牌都能順利上架到最好的陳列位置，大大有助於銷售。

⑺ 行銷廣宣力強

統一企業每年花費 5 億元電視及社群平臺的廣告宣傳費用，有效穩固

住各個品牌的認同度及忠誠度，而能成就國內每年逾353億元的營收額。

⑻ 品牌信賴度高

統一企業旗下品牌，有不少市占率都居第一名，例如：瑞穗鮮奶、茶裏王、統一布丁、AB優酪乳、統一麵、陽光豆漿等；這些品牌長久以來都獲得消費者的信賴及信任。

（註1）及（註2）：此部分資料來源取自統一企業官方網站，並經大幅改寫而成。

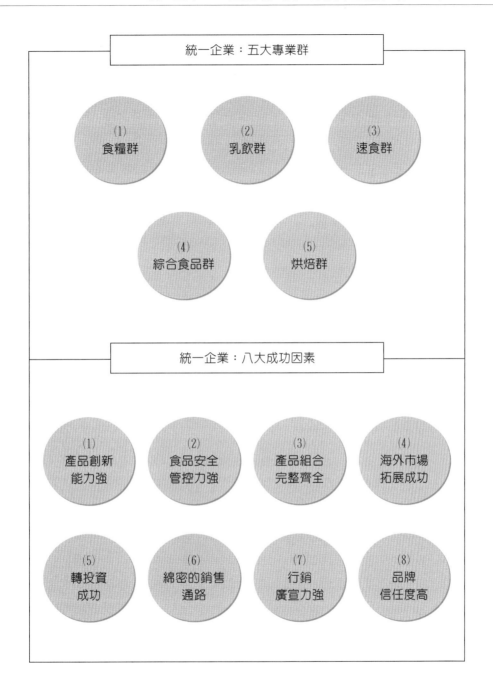

問·題·研·討

1. 請討論統一企業有哪些周邊子公司？哪些事業群？哪些主要品牌？

2. 請討論統一企業的關鍵成功因素為何？

3. 總結來說，從此個案中，您學到了什麼？

個案 3　case three

統一泡麵
長青 50 年，屹立不搖的行銷祕訣

全臺泡麵產值

全臺泡麵產值，一年推估約 140 億元，每年保持微幅 2%～4% 的成長率，近 10 年來，大概從每年 100 億元產值，成長到目前的 140 億元。

其中，以統一泡麵市占率 44% 居最高，年銷 62 億元；其餘 56% 的 82 億元，則為其他品牌所銷售，包括：維力、味全，及其他日本、韓國進口泡麵品牌等。

統一泡麵採多品牌策略

統一泡麵在 2024 年成長 13%，年營收 62 億元，其中三大經典泡麵品牌，包括：統一麵、來一客及滿漢大餐等，占統一泡麵總營收的 60% 之高。這三大泡麵均已上市 30 年之久，每年銷售量仍持續上升。統一泡麵總計有 13 個品牌、90 款品項之多；其他知名品牌，還有阿 Q 桶麵、大補帖等。

統一泡麵長青四大祕訣

統一泡麵能夠長青屹立不搖 50 年之久，據統一企業生活食品事業部部長陳冠福表示，計有四大祕訣，如下述：

(1) 要持續為經典品牌加入新口味

陳部長表示，即使是經典款，但賣久了，也會被顧客遺忘，故要定期刷存在感才行。

長銷經典款都有一大群主顧客，所以不能輕易改變配方，但可加入新口味。

例如：統一麵推出花椒擔擔麵新口味；滿漢大餐推出黃燈籠辣椒金牛肉麵新口味；大補帖推出藥燉排骨細麵等，結果從統一超商數據顯示，銷售量成長在 10%～40% 之間。

所以，新口味推出功能及原因，主要有 2 個：

① 能夠吸引新顧客。

② 能夠提醒老顧客回購既有品牌。

關於統一泡麵口味創新／推陳出新，有 2 個步驟：

① 先搜集口味創新來源，有 2 種方式：

　　a. 先從國人熟悉的湯頭下手，例如：藥燉排骨、麻辣湯、麻油雞、薑母鴨等。

　　b. 再從時下各餐廳熱銷商品下手，了解大眾流行口味，包括：火鍋店、泰式餐廳、韓式烤肉店等，都可提供研發團隊數據參考。

② 再分組人員出動

　　包括：食品部 20 個研發人員及行銷企劃部 24 個行銷人員，他們跑遍全臺最多人排隊及網路討論度最高的麵店、餐廳並取樣回來，研究它們的湯頭及麵種。

(2) 要把既有品牌每年當新品來賣、來做行銷

統一泡麵每年花 2.4 億元，作為泡麵行銷費用、廣告費用，目的就是希望與主顧客的生活情境及品牌情感連結，別人也無法複製。

例如：統一肉燥麵強調國民老味道、平凡，百搭的品牌印象。尤其，2015 年推出「小時光麵館」統一麵五部曲之後，成功吸引年輕族群共鳴，環繞在失戀、母女關係、友情破裂等題材，單支微電影在 YouTube 觀看數達 300 萬人次之多。

(3) 推出新品，要接近現做，才能活得久、賣得長

另外，努力開發未來有潛力的經典款新品，也是急迫重要的目標。

統一企業對新品上市要求很嚴格，必須經過羅董事長同意，才能上市。

要研發活得久的新品，首在麵體必須接近現做才行。統一現有 20 款麵體，要有好的 Q 度、咬感、好吸度、滑感度、吸引人的湯頭等條件才行。

統一企業花 15 年時間，才研發出非油炸麵，接近現做口感，可以滿足好吃、方便、健康要求，最近也賣得不錯；例如：大補帖品牌的藥燉排骨細麵，即是採用非油炸新麵體，也賣得不錯。

⑷ 湯頭研發要讓人記得，品評人員嚴格把關

泡麵要長銷，湯頭必須讓人一喝就記住才行。

統一每款泡麵的湯頭，都有 15 個評量指標，包括：鹹度、酸度、辣度、甘甜度、中藥味度、顏色度等。湯頭研發出來後，即交由各事業部人員組成的「統一品評隊」來進行「盲測考驗」；即是把外面麵店的湯頭與統一企業自己研發的湯頭互做盲測比較後，才能通過。

每年泡麵行銷預算

統一泡麵每年提撥年營收 62 億元的 4%，計 2.4 億元，作為每年經典款泡麵的行銷預算；其中，90% 花在廣告投放上，包括：電視、網路及戶外廣告；另外 10% 則花在活動舉辦上。

目前，每年會做廣告的幾款經典泡麵，包括：統一麵、大補帖、來一客、滿漢大餐等四大主力品牌。做廣告的主要目的：

⑴提醒主顧客回購。
⑵持續加強主顧客對經典品牌的黏著度與情感度。
⑶增加潛在年輕新顧客群。

統一泡麵二大行銷理念

統一企業食品部陳部長表示，他對統一泡麵長期以來的二大行銷理念是：

⑴要長期保持龍頭地位，絲毫不能有一點點鬆懈。

　⑵必須像放風箏一樣：

　　①既要緊抓住既有經典款泡麵的市場銷售，不能掉下來，品牌也不能老化掉；要用心每天維護品牌的領導地位。

　　②也要隨風勢放線，適時推出新產品，測試市場水溫，不斷嘗試，再創新成長業績；並找到下一個明星經典款泡麵。

統一泡麵的三大通路優勢

　　統一泡麵上市 50 年來，它的長期成功主因之一，是擁有二大超級通路的優勢，一個是統一超商（7-11）有 6,900 店；另一個是家樂福（量販店大超市）有 320 大店，這二大超級通路帶來的優勢是：

　⑴統一泡麵上架容易，上架的陳列空間多一些，位置也好一些。

　⑵擁有每天門市店的 POS 銷售及時資訊系統；可以第一手了解市場及顧客的反應數據及意見，能夠及時應變、改善，做得更好。

　⑶可以了解及掌握別家泡麵品牌賣得如何，以及哪些口味、品項賣得好。

統一集團董事長羅智先的經營理念

　　最後，統一企業集團董事長羅智先對其經營理念，曾以一句話表示：「對市場要永遠保持謙虛，並盡力滿足顧客生活之所需。」

問·題·研·討

1. 請討論全臺泡麵市場產值大約多少？統一泡麵市占率大約多少？其他品牌有哪些？
2. 請討論統一泡麵的多品牌策略為何？
3. 請討論統一泡麵能夠長青暢銷 50 年的四大祕訣為何？
4. 請討論統一泡麵經典款必須推出新口味的原因有哪 2 個？並請討論推出創新口味的 2 個步驟為何？
5. 請討論統一泡麵每款的湯頭，如何嚴格把關？
6. 請討論統一泡麵每年行銷預算有多少？錢花在哪裡？為何仍要做廣告，其目的為何？
7. 請討論統一泡麵食品部陳部長的行銷理念為何？
8. 請討論統一泡麵的三大通路優勢為何？
9. 請討論統一集團董事長羅智先的經營理念為何？
10. 總結來說，從此個案中，您學到了什麼？

個案 4　　case four

統一超商集團

持續成長、成功的經營祕訣

最新經營結果

2022 年度，統一超商集團最新的經營績效成果如下：

⑴合併營收額：高達 2,900 億元。

⑵合併營業淨利：123 億元。

⑶合併稅後淨利：110 億元。

⑷合併 EPS：8.9 元。

⑸股份：270 元。

⑹本業營收額：1,800 億元（統一超商本業營收，非合併營收）。

⑺本業淨利率：3.5%。

⑻本業稅前獲利率：5.5%。

⑼本業獲利額：63 億元。

在最新的 2023 年第一季，統一超商集團合併營收額達 755 億元，年成長率為 11%；第一季合併獲利額達 28 億元，年成長率高達 30%，獲利大幅成長。

而在總店數方面：

⑴統一超商本業：6,900 店。

⑵統一超商國內外及轉投資合併總店數：1.18 萬店。

經營績效成果優良的原因

統一超商集團在 2022 年度及 2023 年第一季，均繳出很好的、成長的營收額及獲利額之主因有：

(1)臺灣及全球疫情解封，經濟活動回復正常。
(2)鮮食業績成長二成，得利於與五星級大飯店聯名成功。
(3)CITY 系列飲品及咖啡成長一成。
(4)持續擴張展店數，每年成長 200 店～300 店。
(5)轉投資子公司，如：星巴克、康是美、黑貓宅急便、菲律賓 7-11 等，均持續創造出好營收及好業績。

openpoint 會員點數生態圈發展狀況

統一超商集團的 openpoint 會員紅利點數，近期發展的狀況，重點如下：

(1)已有 1,600 萬人會員數。
(2)這些會員數占整體總營收的貢獻額度為 6 成。
(3)會員的消費額，每年都成長 20%。
(4)點數流通規模成長 6 倍。
(5)點數已可於跨集團旗下的 20 種通路使用。
(6)點數可折抵地方，日益擴大，包括代收規費也可抵用。

未來持續努力及成長方向

統一超商集團在未來 2023 年～2025 年的持續努力及成長方向，包括如下幾點：

(1)持續強化全方位的經營實力與競爭力。
(2)持續投入更多資源在：
　①商場開發（例如：高速公路休息站商場標租）。
　②大型物流中心建設。
　③企業間的資源整合。
(3)持續開發創新服務與差異化商品。

(4)深耕 openpoint 會員紅利點數生態圈，以鞏固會員忠誠度及提升回購率。

(5)持續整合線下＋線上購物的便利性及體驗性。

(6)積極打造消費者期待的生活服務平臺。

(7)持續展店、擴店，從目前的 6,900 店（7-11），邁向 7,000 店目標前進，甚至未來 8,000 店的挑戰目標。

(8)持續開發話題產品（例如：五星級大飯店聯名鮮食、珍珠奶茶、思樂冰、霜淇淋等）。

(9)推出平價專區，以超值優惠，滿足廣大庶民的大眾生活需求。

(10)轉投資事業持續成長（包括：星巴克、康是美、菲律賓 7-11、黑貓宅急便等）。

(11)持續落實 ESG 永續經營、節能減碳、綠色經營等全球議題。

(12)持續加強行銷與廣告的操作，以發揮更大助攻效果。

問·題·研·討

1. 請討論統一超商集團在 2022 年度及 2023 年度第一季的優良經營績效如何？

2. 請討論統一超商創造優良經營績效的原因有哪些？

3. 請討論統一超商 openpoint 會員點數生態圈的發展狀況如何？

4. 請討論統一超商未來持續努力及成長的 12 點方向為何？

5. 總結來說，從此個案中，您學到了什麼？

個案 5　case five

精工錶（SEIKO）

中價位手錶的領導品牌

產品策略

根據臺灣精工公司的官方網站顯示，臺灣精工錶的顧客群中，大概男性、女性各占一半；其中，男性系列手錶品牌有 ASTRON、PROSPEX、PREMIER；女性系列手錶品牌有 LUKIA、PRESAGE、Premier 等。（註1）上述這些品牌的價位大致在 2 萬～3 萬元之間，算是中等價位手錶，並不算貴。另外，精工錶現在朝 10 萬以上的高價位手錶開拓，例如：Grand Seiko 及 CREDOR 兩款均屬高價位品牌手錶。

定價策略

精工錶在臺灣市場的定價大都在 1 萬～3 萬元之間，也是中價位錶款的領導品牌。它的主要目標客群，大抵以中產階級的上班族群為主力銷售對象。

銷售據點

精工錶在臺灣的銷售據點，根據該公司官網顯示，主要有以下 3 種：（註2）

(1)品牌形象店。

(2)特約經銷商（鐘錶店）。

(3)網路授權經銷商。

在品牌形象店方面，主要有信義及西門的 2 家旗艦店，以及位在各大百貨公司及購物中心的形象專門店與專櫃；包括：SOGO 百貨、新光三越百貨、大遠百、巨城購物中心、台茂、大江購物中心等。

在特約經銷商方面，主要是與全臺各縣市的在地鐘錶店簽訂特約經銷合約。另外，也有網路授權經銷商，透過網購的方式銷售。

總計來說，精工錶在全臺大約有 120 多個銷售據點。

推廣策略

精工錶在臺灣運用了整合行銷的操作手法，使 SEIKO 品牌的曝光銷量達到最高、最大，不斷累積它的品牌資產與品牌價值，並拉升在臺灣的銷售成績；主要有以下幾種方式。

(1) 代言人行銷

精工錶近幾年來的代言人，以林依晨及日本藝人綾瀨遙等 2 人最為人所知；這 2 人也讓精工錶在臺灣打響了更高的知名度及好感度，代言人的效果已產生。

(2) 電視廣告

代言人搭配電視廣告的強勢播放是必然的；電視具有媒體的廣度，對品牌力打造及業績提升是有助益的。

(3) 網路廣告

精工錶為提高更多年輕上班族群的「心占率」，也撥一部分預算在網路及社群媒體廣告上，例如：在 FB、YouTube、Google 等各大平臺打廣告。

(4) 戶外廣告

精工錶也有一部分預算花費在公車、捷運及大型看板等戶外廣告上，作為輔助的曝光廣告。

(5) 體驗行銷

精工錶在臺北信義區及西門所設的旗艦店，主要是提供顧客體驗及銷售的主力場所，手錶的體驗也是非常有必要的。

(6) 專業雜誌廣告

精工錶也在專業鐘錶雜誌下廣告，並做一些專題報導。

(7) 記者會

精工錶只要推出新款手錶或新代言人時，必會舉辦發表會，以擴大宣傳。

(8) 媒體報導

精工錶也常透過公關公司的媒體發稿，盡量在各種平面媒體或電視媒體上曝光宣傳，以累積更多的品牌露出效果。

(9) 活動行銷

精工錶每年必會舉辦一次城市路跑活動，累積外界的活動聲量與媒體效果。

售後服務策略

精工錶亦非常重視售後技術維修服務，聘用最好的維修技師，在臺北、臺中及高雄三地成立服務中心專責處理這些問題，希望透過完美與快速的維修服務，打造良好的服務口碑效果。

多品牌策略

過去精工錶都以「SEIKO」為單一品牌宣傳，最近幾年來，精工錶又創造出 LUKIA 及 ALBA 兩個品牌，形成多品牌策略，意圖爭取更多市場機會。

（註1）及（註2）：此部分資料取材自臺灣精工錶官方網站，並經大幅改寫而成。

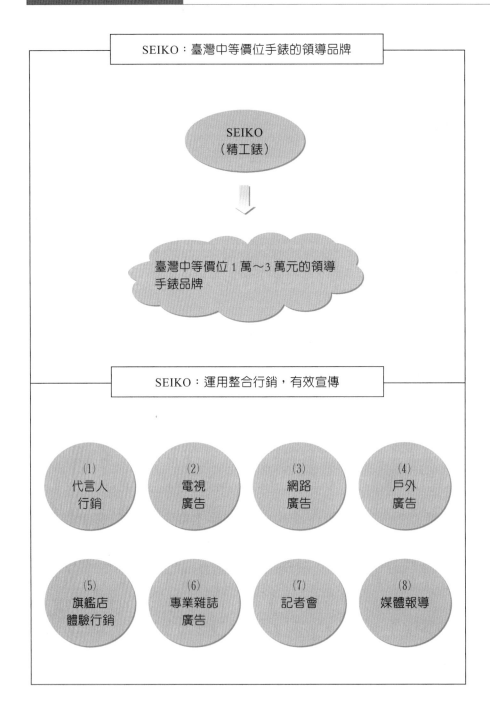

問·題·研·討

1. 請討論 SEIKO 的產品策略及定價策略為何？
2. 請討論 SEIKO 的銷售據點有哪些？
3. 請討論 SEIKO 的推廣策略有哪些？
4. 請討論 SEIKO 的多品牌策略為何？
5. 總結來說，從此個案中，您學到了什麼？

個案6 case six

臺灣花王

國內第一大日常消費品公司經營成功祕訣

　　日本花王集團是日本最大的日常消費品及清潔用品公司，成立已有 130 多年之久。日本花王在臺灣也設有子公司，稱為臺灣花王公司。

　　日本花王 2024 年營收額創下 1.7 兆日圓（約 3,700 億臺幣）的銷售佳績，獲利額為 1,600 億日圓，營業獲利率約 10% 之高。

花王的專業及知名品牌（註 1）

　　花王在臺灣子公司的事業領域及其旗下知名品牌，包括：（根據臺灣花王公司的官網資料）

(1) 美妝用品專業

　　包括肌膚類用品，品牌有 Biore、Men's Biore、Curél 珂潤、花王沐浴乳、花王香皂等。美髮類用品則有花王洗髮精、絲逸歡、莉婕、逸萱秀等；另外，化妝用品則為 SOFINA（蘇菲娜）等。

(2) 衛生用品事業

　　包括生理衛生用品，如蕾妮亞品牌；嬰兒衛生用品，如妙兒舒；個人健康用品，如美舒律。

(3) 家居清潔用品事業

包括洗滌劑用品，如一匙靈、新奇；以及家居清潔劑用品，如魔術靈等。

(4) 化學製品事業

包括油脂類產品、香料、高功能聚合材料、界面活性劑等。

臺灣花王採取多品牌策略，目前在臺上市計有 17 個品牌之多，每個都創下不錯的業績。

花王的行銷做法

日本花王公司本來就是一家很會行銷的公司，旗下各品牌都有相當知名度及指名度，因此臺灣花王公司這方面也做得很好。其主要行銷做法有：

(1) 代言人行銷

擔任過花王各品牌代言的藝人，包括：楊丞琳、周湯豪、陳意涵、吳映潔、章子怡、周渝民、孟耿如及日本藝人等。代言人廣告成功吸引了消費者目光，並拉升了品牌的好感度。

(2) 電視廣告行銷

配合代言人，花王在電視廣告方面也投入不少行銷預算，電視廣告具有曝光聲量，可提醒消費者品牌的存在，花王每年電視廣告的投入至少在 3 億元以上，主因是旗下多達 17 個品牌，需要鉅額廣告支出。

(3) 社群媒體廣告

花王很多產品都屬於年輕人，因此，在社群媒體的廣告也不可或缺，包括：FB、IG、YouTube、Google、LINE 等廣告也投入不少。

(4) 體驗行銷

花王運用室內或室外的靜態、動態體驗館活動，每次都吸引不少來客，有效提升顧客美好的產品使用體驗感受，成為潛在顧客。

⑸ 新產品記者會

花王每次推出新品，都會舉辦規模不小的記者會，也都達成很好的媒體露出聲量，有助打響新品知名度。

⑹ 戶外廣告行銷

花王也會適當利用捷運廣告、大型看板廣告及公車廣告來宣傳形象。

⑺ 公益行銷

花王在臺灣 50 週年時，曾經舉辦「微笑心生活」活動。此外，在世界地球日環保活動、永續環境、兒童潔淨活動等方面，花王也投入不少心力做公益。

花王的密集銷售據點

花王 17 個品牌，其上架通路各有不同，而且花王又是知名品牌，上架通路並不困難。主要包括：⑴ 美妝、藥妝連鎖店；⑵ 各大超市；⑶ 各大量販店；⑷ 各大便利商店；⑸ 各大百貨公司等主要連鎖大型通路。另外，部分商品也上架到網購通路，例如：momo、蝦皮、PChome、雅虎購物等四大網購通路，方便消費者上網訂購、宅配到家。

臺灣花王五大成功關鍵因素

總結歸納來說，臺灣花王的五大成功要素為：
⑴研發技術力不斷創新。
⑵優質產品力。
⑶靈活行銷宣傳力。
⑷密集的通路上架。
⑸品牌形象佳、品牌力強大。

（註1）：此段資料來源，取材自臺灣花王公司官網，並經大幅改寫而成。

臺灣花王：旗下很多知名品牌

(1) Biore

(2) Men's Biore

(3) 花王洗髮精

(4) 絲逸歡

(5) 逸萱秀

(6) SOFINA

(7) 一匙靈

(8) 魔術靈

(9) 新奇

(10) 蕾妮亞

(11) 妙兒舒

臺灣花王：五大成功關鍵因素

(5) 品牌形象佳、品牌力強大

(1) 研發技術力不斷創新

(4) 密集的通路上架

(2) 優質產品力

(3) 靈活行銷宣傳力

問・題・研・討

1. 請討論花王公司的簡介。
2. 請討論花王有哪四大產品線及品牌為何？
3. 請討論花王的行銷做法為何？
4. 請討論花王公司的密集銷售據點有哪些？
5. 總結來說，從此個案中，您學到了什麼？

個案 **7**　　case seven

臺灣 Sony

家電、通訊、遊戲多元化產業的領導品牌

　　日本索尼（Sony）公司是全球知名的家電、通訊、電影及遊戲世界級企業，並於 2000 年在臺灣成立公司，是落實在地化經營策略的卓越企業之一。日本 Sony 公司 2024 年全球合併營收達到 7.4 兆日圓，獲利 5,400 億日圓，獲利率為 7%。

主力產品

　　根據臺灣 Sony 公司官方網站顯示，Sony 在臺灣上市的產品系列，包括：電視、投影機、攝影機、耳機、行動電源、電池、智慧型手機、數位相機、記憶卡、筆記型電腦、音響及遊戲機等。其中，電視機和攝影機在臺灣的市占率均位居第一名。（註 1）

Sony 的銷售管道

　　臺灣 Sony 的產品銷售通路，主要有以下 4 種：（註 2）

(1)連鎖通路上架。包括：家樂福、全國電子、燦坤 3C、愛買、順發 3C、大潤發及百貨公司專區等。

(2)4 家直營旗艦店。

(3)特約展售店。

(4)授權經銷商。

合計大約有 200 多個銷售據點，使消費者能夠方便、快速地找到可購買的據點與店面。

臺灣 Sony 的行銷策略

臺灣 Sony 的成功，主要得利於以下幾點行銷策略：

(1) 高品質的產品力

Sony 在臺灣上市的產品，大部分都由日本進口，因此，日本製（Made in Japan）產品在臺灣消費者心目中，都有高品質的印象與好感。Sony 堅持高品質的優質產品，是行銷成功的最大根本基石。

(2) 代言人行銷

臺灣 Sony 自過去以來，曾經使用不少臺灣知名藝人做代言人，例如：周杰倫、張鈞甯、郭雪芙、陳柏霖等人。代言人的形象策略，也使得人們對 Sony 品牌有更好的喜愛與認同度。

(3) 電視廣告

臺灣 Sony 在行銷預算的投入方面，以電視廣告的投入占最大比例，因為電視觸及消費者的目光仍是最廣泛的；而且，競爭對手的日系、韓系及臺系品牌，也大都著重在電視廣告的宣傳上。

(4) 社群媒體廣告

隨著手機、遊戲機等產品群的年輕化趨勢，臺灣 Sony 也大致撥出三成行銷預算放在社群媒體及網路廣告上，例如：FB、IG、YouTube、Google、LINE 的廣告及粉絲專頁經營等，臺灣 Sony 也加強了人力及財力的投入，希望吸引更多的年輕消費族群，並盡可能使 Sony 品牌永保年輕。

(5) 體驗行銷

臺灣 Sony 在臺北市設有直營的 4 家旗艦店，除了銷售、服務及廣宣功能外，亦有提供顧客體驗的功用。此外，臺灣 Sony 亦與公關公司合作，每年舉辦 10 多場次的戶內及戶外體驗行銷活動，累積上萬人次的效

果。

⑹ 中高價策略

由於臺灣 Sony 上架的產品，大多是來自日本，因此，為堅持日本製造的高品質形象，臺灣 Sony 在定價策略上，也採取中高價策略，它所設定的目標客群，也是以能接受中高價的消費者為主力。此外，中高定價也與日本 Sony 在市場上的定位及形象相符。

⑺ 持續深耕品牌力

臺灣 Sony 在國內市場的行銷命脈，主要仍放在 Sony 的優良品牌知名度、喜愛度及忠誠度上；因此，臺灣 Sony 所有的廣宣活動、體驗活動及媒體報導，其目的均在持續深耕 Sony 的品牌資產價值，進一步提升 Sony 在臺灣的強大品牌力。

● 臺灣 Sony 的關鍵成功因素

總結臺灣 Sony 在國內市場的關鍵成功因素，大致可以歸納為以下 6 項因素：

⑴ 優良品牌形象與信譽

Sony 數十年來，在日本、全球或臺灣，其優良的品牌形象、信譽與信任感，是大家所公認的。

⑵ 持續的技術創新

Sony 日本總部的研發單位，能夠不斷與時俱進，在技術與研發面持續創新，引領時代進步，帶給消費者更美好的生活。

⑶ 完整產品線

Sony 在家電、電腦、通訊、音響及遊戲機等領域，擁有完整與齊全的產品線，對經銷商或消費者而言，也帶來方便性。

⑷ 堅持 MIJ 高品質印象

Sony 產品大部分來自日本製造的 MIJ 印象，使消費者信賴度及保障度又提高了一層。

⑸ 綿密的通路

臺灣 Sony 透過自營旗艦店、授權經銷商在全臺密布銷售及服務據點，對消費者是一大便利。

⑹ 行銷宣傳成功

臺灣 Sony 在國內的廣告宣傳、正面的媒體報導及數十次的體驗活動與公益活動等，都為其品牌資產的累積及提升帶來助益。

（註 1）及（註 2）：此部分資料來源均取材自臺灣 Sony 公司的官網，並經改寫而成。

本個案重要關鍵字

1. 深耕在地經營
2. 在地化行銷
3. 完整且齊全的產品線
4. 永續經營價值觀
5. 綿密全臺銷售通路據點
6. MIJ 高品質產品力
7. 代言人行銷
8. 數十場次的體驗活動
9. 中高價位策略
10. 持續深耕品牌力
11. 重視企業社會責任
12. 優良品牌形象、信譽與信任度

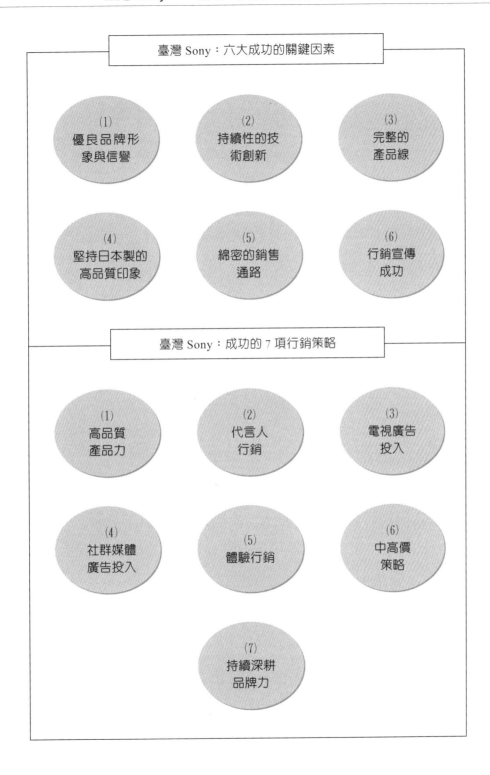

臺灣 Sony：六大成功的關鍵因素

(1) 優良品牌形象與信譽

(2) 持續性的技術創新

(3) 完整的產品線

(4) 堅持日本製的高品質印象

(5) 綿密的銷售通路

(6) 行銷宣傳成功

臺灣 Sony：成功的 7 項行銷策略

(1) 高品質產品力

(2) 代言人行銷

(3) 電視廣告投入

(4) 社群媒體廣告投入

(5) 體驗行銷

(6) 中高價策略

(7) 持續深耕品牌力

問・題・研・討

1. 請討論 Sony 公司簡介狀況如何？
2. 請討論 Sony 在臺的主力產品系列有哪些？
3. 請討論 Sony 的銷售通路狀況為何？
4. 請討論 Sony 的行銷策略為何？
5. 請討論 Sony 在臺市場成功的六大關鍵因素為何？
6. 總結來說，從此個案中，您學到了什麼？

個案 8　case eight

臺灣日立
臺灣第一大冷氣機品牌的經營祕訣

市占率第一大品牌

臺灣日立公司 2024 年銷售冷氣機爲 35 萬臺，爲全臺銷售總量 105 萬臺的市占率接近三成之高，顯示日立確爲臺灣冷氣機市場的第一大領導品牌；其他的競爭品牌，包括：大金、三菱電機、東元、Panasonic、禾聯、東芝、格力等諸多品牌。

產品策略：高品質

日立冷氣一直都強調高品質的經營信念，其產品的壓縮機都是從日本進口的，非常耐用；而其他零件，全球都是在臺灣本廠製造的，可以說是非常具有高品質保證。除此之外，近年來更是強調智慧與節能的最新科技發展。

定價策略：中高價位

在家用冷氣空調方面，包括不同的型式，計有：分離式、變頻分離式、變頻窗型、變頻複合式等多種，售價視坪數大小而有不同，每臺冷氣空調售價大約在 2.5 萬～5 萬元左右。日立由於強調高品質，且有日本品牌印象，因此，在售價方面比臺灣冷氣空調品牌略高 5%～15%，係採取

中高價位法。

通路策略（註1）

　　根據臺灣日立公司的官網顯示，日立冷氣的通路策略，是相當綿密的布局，也帶給消費者相當便利的購買性。主要有四大通路如下：

⑴ 分公司銷售通路

　　臺灣日立冷氣在全臺設立 12 個分公司及營業所，包括：臺北總公司、桃園分公司、新竹分公司、臺中分公司、彰化分公司、嘉義分公司、臺南分公司、高雄分公司、屏東營業所、基隆營業所、蘭陽營業所、花東營業所等，分別負責該縣市的營業活動及服務活動。

⑵ 全臺經銷商通路

　　日立冷氣在全臺 24 個縣市，委託大約 100 多家當地的家電行、電器行、冷氣行等，成為負責在地日立冷氣販售的經銷商。

⑶ 量販店通路

　　日立冷氣也進入國內大型量販店及 3C 賣場，例如：全國電子、燦坤3C、家樂福等，零售據點達 500 多個，對消費者選購相當便利。

⑷ 網購通路

　　此外，日立冷氣亦在幾家大型網購通路上架，包括：momo、PChome、雅虎購物、蝦皮等前四大網購通路均可以比價購買。

推廣策略

　　日立冷氣的廣宣推廣策略，也可說是相當成功，不斷累積出日立冷氣品牌的優良形象及品牌資產。它在推廣策略的行銷操作，主要有：

⑴ 電視廣告大量投放

　　日立每年花費 2 億元的行銷預算在大量電視廣告播放上，尤其每年 5月到 9 月更是它的高頻率播放期。日立冷氣在 2024 年的電視廣告，以 3支不同訴求的廣告片輪替播出。一支是訴求它的壓縮機由日本進口，具有

高耐用期與高品質的信賴保證；一支是它過去歷次獲獎的榮耀品牌信任保證；另外第一支則是配合政府對家電業 3,000 元～5,000 元補助款的折價優惠，再加上好禮五選一送贈品的優惠促銷廣告型態。

⑵ 新產品發表會

日立冷氣若有新產品上市時，都會舉辦大型的新產品發表會，吸引各家媒體前來採訪報導。

⑶ 戶外廣告

配合電視廣告大量播放，日立冷氣也會在都會區的公車廣告及捷運廣告加以輔助配合，以吸引較年輕族群的注目。

⑷ 媒體報導

日立冷氣透過公關公司協助，在各種獲獎、公益活動、促銷活動的新聞報導方面，都會在各種媒體消費版上充分曝光。

⑸ 公益行銷

根據臺灣日立公司官網顯示，日立冷氣多年來也在公益活動上高度投入，以期形塑優良企業形象，贏得消費者好感。包括如下公益行銷活動：
①舉辦「日立慈善盃高爾夫菁英賽」。
②贊助國際自由車環臺賽。
③於新竹竹圍漁港旁海灘舉辦「珍愛地球，深耕臺灣」環保淨灘活動。
④南臺灣規模 6.4 強震，日立冷氣捐款 200 萬元協助災區重建。
⑤舉辦植樹護大地活動。

🔵日立冷氣的關鍵成功因素

總結來說，日立冷氣在市場上面對 10 多個空調品牌的激烈競爭，它之所以能夠勝出，成為長期第一領導品牌，可以歸納為以下六大關鍵成功因素：

⑴ 高品質信賴

日立冷氣長期強打在臺製造，且重要零件壓縮機均為日本進口，具備

高品質的信賴度。而空調冷氣為耐久性商品，其耐久、耐用、高品質、高性能是重要的必要條件，這是一般消費者共同的想法及需求。

⑵ 行銷成功

日立冷氣是一家擅長於行銷的成功公司，不管是在電視廣告片的呈現、創意及媒體的宣傳露出報導，都把日立冷氣的品牌形象打造得很好，在顧客心中留下美好的印象。

⑶ 通路綿密

日立冷氣在全臺設立 15 個各縣市分公司、營業所，再搭配各縣市電器行經銷點，以及 3C 大賣場實體店與網購虛擬通路等四大管道齊下，打造出消費者高度便利性的冷氣選購條件。

⑷ 售後服務完善快速

日立冷氣設有科技快速的「e 服務中心」及各縣市「服務站」等搭配，對於售前及售後的顧客服務需求，都能快速、完善與貼心地予以解決，帶給顧客好印象。

⑸ 優良品牌口碑

日立冷氣在臺灣已有 50 多年成立歷史，在日本更是有百年歷史，也是日本前二大冷氣品牌；國人普遍有日本家電是優質品牌的感覺及形象；因此，臺灣日立冷氣在承接優良日系家電的傳統之下，已在國內消費者心目中累積了優質、優良的品牌資產口碑，這是它成功的根本基礎。

⑹ 技術研發力強大

最後，臺灣日立成功的背後，有著來自日本日立總公司技術研發部門先進與創新技術的支援及協助，才能在高品質、高耐用性方面領先其他品牌。

（註1）：此段資料來源，取材自臺灣日立公司官方網站，並經大幅改寫而成。

臺灣日立冷氣：關鍵成功 6 要素

(1)
高品質
信賴

(2)
行銷
成功

(3)
通路
綿密

(4)
售後服務
完善快速

(5)
優良品牌與
口碑

(6)
技術研發力
強大

臺灣日立冷氣：五大核心訴求

(1)
智慧

(2)
節能

(3)
創新

(4)
環保

(5)
安全

問·題·研·討

1. 請討論日立冷氣的產品策略及通路策略為何？
2. 請討論日立冷氣的推廣策略為何？
3. 請討論日立冷氣的成功關鍵因素為何？
4. 總結來說，從此個案中，您學到了什麼？

個案 9　case nine

臺灣松下電器
在臺成功的經營心法

臺灣松下電器公司，成立於 1962 年，迄今已有 60 多年歷史；該公司是日本 Panasonic 總公司旗下的一家海外合資子公司。臺灣松下電器公司在臺灣以生產及銷售大家電、小家電出名，甚受國人喜愛。

Panasonic 的標語（slogan）

日本 Panasonic 是日本最大的家電集團，全球員工有 27 萬人之多，Panasonic 最新在全球各國電視廣告宣傳的企業標語（或廣告金句），就是「A better life, A better world」。

亦即 Panasonic 在全球各地將會為更美好的生活方式提供新價值，讓每位顧客實現「更美好的生活，更美好的世界」之願景與使命，也是 Panasonic 邁向未來 100 年的承諾。

電視機、電冰箱、洗衣機在臺市占率均居第一

提起臺灣松下，在臺灣是人人熟悉的老品牌；不過，在 10 多年前，日本總公司宣布將其品牌全面從松下改為 Panasonic，並以 Panasonic 母品牌行銷全球。Panasonic 的產品線，包括各種大家電及小家電產品，在臺灣，如今電視機、電冰箱、洗衣機等 3 種大家電都居市占率第一名，領

先日本 Sony、韓國 LG 及臺灣的聲寶、歌林、東元、大同、三洋等品牌。

　　Panasonic 總產品線齊全，可滿足一屋需求，從小家電到大家電，臺灣松下都有，涵蓋客廳、廚房到臥房，產品線組合相當廣泛齊全，堪稱國內第一大家電業者，年營收額為 250 億元。臺灣員工人數為 2,500 人（電冰箱市占率為 34%、洗衣機為 29%、電視機為 11.5%，冷氣空調為 19%）。

通路銷售據點遍布全臺

　　臺灣松下公司成立轉投資的銷售公司，名稱為：臺松電器販賣公司，負責 Panasonic 全系列產品在全臺的行銷與業務事宜。Panasonic 在臺灣的銷售通路，大致區分為以下 4 種管道：

　　⑴百貨公司專櫃、專區。

　　⑵量販店專區。

　　⑶全臺各縣市家電經銷商。

　　⑷線上網路購物。

　　其中，百貨公司直營專區，包括國內全部百貨公司，如：SOGO 百貨、新光三越、遠東百貨、大遠百、微風百貨、統一時代、京站時尚廣場、大葉高島屋、環球購物中心、比漾廣場、台茂（桃園）、遠東巨城（新竹）、中友百貨（臺中）、廣三 SOGO、漢神百貨（高雄）、大統百貨（高雄）、統一夢時代購物中心（高雄）、大立百貨（高雄）、義大世界購物廣場（高雄）等。

　　另外，在量販店方面，包括：全國電子、燦坤、家樂福、大潤發、大同 3C 及愛買等主要連鎖量販店。

　　合計這些零售據點高達 200 多個，可說密布全臺各地。再加上各縣市經銷商的家電行通路，密布在中小型城鎮地區，對消費者的購買方便性可說非常高。

主要產品品項

　　Panasonic 在臺灣的銷售產品線，主要包括：電視機、電冰箱、洗衣機、冷氣機、數位相機、DVD 播放器、吹風機、空氣清淨機、廚房調理

用品（如電子鍋）、吸塵器、微波爐等。

Panasonic 在臺的市場行銷策略

Panasonic 在臺灣的行銷，每年幾乎都會撥出占年營收額接近 2%，即 5 億元，作爲全部產品線的廣告宣傳活動與行銷活動之預算。

近年來，Panasonic 每年度的整合行銷活動，大致有如下幾種：

⑴以 Panasonic 品牌，打大量電視廣告宣傳，每年都在 5 億元預算左右，使得 Panasonic 的品牌曝光度及廣告聲量都非常足夠。

Panasonic 的品牌知名度在全臺亦高達 80% 以上，在日系家電公司品牌中，也與 Sony 品牌並列第一。

⑵舉辦新產品發表會、記者會，使新產品能夠被報導曝光。

⑶善用各種節慶促銷活動，刺激銷售，拉升業績，促銷也是很有效的提升業績工具。

⑷舉辦體驗行銷活動。Panasonic 設立「廚藝生活體驗館」，舉辦多元料理課程，邀請消費者免費來館實際操作體驗，並透過口碑行銷傳播擴散出去。

⑸公車、捷運、看板等戶外廣告宣傳。

⑹舉辦公益行銷活動。

⑺加強售後服務及保固維修服務，帶來品牌好印象。

⑻引進日本最新產品在臺同步上市。

⑼2022 年～2024 年，Panasonic 找藝人柯佳嬿當年度品牌代言人，成效很好，大大提升其品牌好感度。

定價策略

臺灣 Panasonic 產品的定價策略，由於強調日本高品質定位的角色，因此，採取中高價位的定價策略。大致比國內的東元、歌林、禾聯、大同、聲寶等品牌價位，高約 10%～15% 左右，但仍銷售得不錯。

貼近、接近、滿足消費者的需求

　　臺灣松下這 10 多年來，能夠成為國內大、小家電的領導品牌及持續成長，最主要的根基，就是它強調及重視的理念：貼近、接近、滿足消費者的需求。幾年前，臺灣松下公司成立「消費者生活研究部門」，希望能夠模擬消費者的實際生活型態及需求，而能針對它們所生產的冰箱、冷氣機、洗衣機、吹風機、電子鍋等，加以調整、修正、改良、升級，以期更滿足國內消費者的真實需求。

　　臺灣松下多年來不斷求新求變，在技術及功能上尋求創新升級，未來將朝向年營收 400 億元目標而持續努力！

本個案重要關鍵字

1.　透過尖端技術力與產品製造，創造新的價值
2.　廣受消費者信賴與喜愛的卓越企業
3.　A better life, A better world!（更美好的生活，更美好的世界！）
4.　產品線齊全，可滿足一屋需求
5.　市占率第一
6.　通路銷售據點遍布全臺
7.　大打電視廣告，使品牌曝光度及廣告聲量夠
8.　廚藝生活體驗館
9.　貼近、接近消費者需求
10.專門研究各種消費生活與需求趨勢
11.重視顧客體驗
12.提供消費者生活解決方案

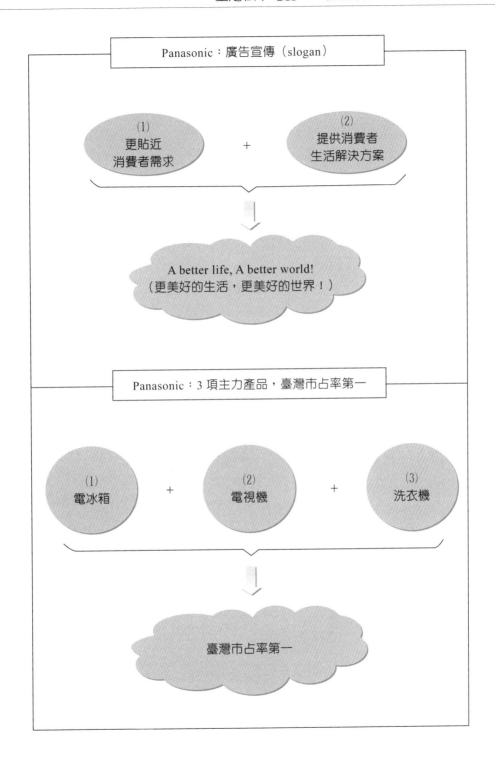

問·題·研·討

1. 請討論 Panasonic 的廣告宣傳標語（slogan）為何？
2. 請討論 Panasonic 的產品品項有哪些？哪 3 項市占率第一？
3. 請討論 Panasonic 的銷售通路有哪 4 類？
4. 請討論 Panasonic 在臺的行銷策略與廣告宣傳有哪些？
5. 請討論臺灣松下能夠持續成長的根本祕訣為何？
6. 總結來說，從此個案中，您學到了什麼？

個案10　case ten

COSTCO（好市多）
全球第二大零售公司經營成功祕訣

大型批發量販賣場的創始者

美國好市多全球大賣場計有 766 家店，超過 9,000 萬名收費會員，是全球第二大零售業公司，僅次於美國的 Walmart（沃爾瑪）。

好市多於 1997 年，即 20 多年前來臺灣，首家店開在高雄，目前全臺有 14 家店，都是大型賣場。至今會員總數，全臺為 300 萬名，年營收達臺幣 1,200 億元，已超過家樂福，可說是臺灣第一大的量販店大賣場。

好市多的商品策略

根據好市多的官網顯示，好市多的優良商品策略，有以下 4 點（註1）：

(1)選擇市場上受歡迎的品牌商品。

(2)持續引進特色進口新商品，以增加商品的變化性。

(3)以較大數量的包裝銷售，降低成本並相對增加價值。

(4)商品價格隨時反映廠商降價或進口關稅調降。

毛利率不能超過 12%，為會員制創造價值

好市多美國總部有規定，各國好市多的銷售毛利率不能超過 12%，

而以更低的售價，回饋給消費者。一般零售業，例如：臺灣已上市的統一超商及全家的損益表毛利率一般都達 30%～35% 之高，但全球的好市多毛利率只限定在 12%；這種低毛利率反映的結果，就是它的售價會更低，並回饋給消費者。

那麼，好市多要賺什麼呢？好市多主要獲利來源，就是賺會員費收入；例如：臺灣有 300 萬名會員，若每位會員的年費 1,350 元，則 300 萬名會員乘上 1,350 元，全年會員制收入就高達 40 億元之多，這是純淨利收入。能靠會員費收入經營的，全球僅有好市多一家而已，足見它是相當有特色及值得會員付出年費。好市多的訴求，則是如何為消費者創造出收年費的價值。亦即好市多能讓顧客用最好、最低的價格，買到最好的優良商品，以及別的賣場買不到的進口商品。

好市多的臺灣會員卡，每年續卡率都達 92% 之高，這又確保了每年 40 億元的會員費淨利來源。

好市多幕後成功的採購團隊

臺灣好市多經營成功的背後，即是有一群高達 80 多人的採購團隊，他們從全球逾 10 萬種品項中，挑選出 4,000 種優良品項上架販賣。臺灣好市多採購團隊的成功，有幾點原因：

⑴這 80 多人都有多年商品採購專業經驗。
⑵他們從臺灣本地及全球各地去搜尋適合臺灣的好產品。
⑶任何產品要販賣之前，都要經過內部審議委員會多數通過才可以上架。因此，有嚴謹的審核機制。
⑷他們站在第一線，以他們的專業性及敏感度為顧客先篩選，選出好的商品才上架販賣。

以高薪留住好人才

臺灣好市多每家店約僱用 400 人，全臺 14 家店約起用 5,000 多人，其中有八成第一線現場人員是採用時薪制，好市多給他們的薪水相當不錯，以每週工作 40 小時計算，每月的薪水可達到 4 萬元之高，比外面同業的 3 萬元薪水，要高出三成之多。另外，臺灣好市多也用電腦自動加

薪，每滿一年就自動加薪多少元，都是標準化、自動化的，不像使用人工計算，有時會疏漏。

　　臺灣好市多認為，給員工最好的待遇，就是直接留住人才的最好方法；這是好市多在人資做法上的獨特點。

企業文化鮮明

　　臺灣好市多承接美國總部的理念，有四大企業文化，就是：⑴守法；⑵照顧會員；⑶照顧員工；⑷尊重供應商。

販賣美式商場的特色

　　臺灣好市多的最大特色，就是它跟臺灣的全聯、家樂福大賣場都不太一樣，好市多是販賣美式文化、美式商場的感覺，而全聯及家樂福則是本土化走向。

　　好市多全賣場僅約 4,000 種品項，家樂福則為 4 萬種品項，但好市多的品項有一半是從美國進口來臺灣的，美式商品的氛圍很濃厚，這是它的最大特色。

關鍵成功因素

　　臺灣好市多經營 20 多年來，已成為國內成功的大賣場之一，歸納其關鍵成功因素，有下列 7 點：

⑴ 商品優質，且進口商品多，有美式賣場感受

　　臺灣好市多的商品，大多經過採購團隊嚴格的審核及要求，因此，大多是品質保證的優良商品，而且進口商品有美式賣場感受，與國內其他賣場有明顯不同及差異化特色，吸引不少消費者長期惠顧。

⑵ 平價、低價，有物超所值感

　　臺灣好市多毛利率只有 12%，相對售價就訂得低，因此，到好市多購物就有平價、低價的物超所值感受，而這就是每年付年費的代價回收。

(3) 善待員工，好人才留得住

　　臺灣好市多，以實際的高薪回饋給第一線員工，並有其他福利，如此善待員工，終能留得住好人才，而好人才也為好市多做更大的貢獻。

(4) 大賣場布置佳，有快樂的尋寶購物感覺

　　由於是美式倉儲大賣場的布置，因此視野寬闊，進入賣場有種尋寶購物的感覺，會演變成習慣性再次購物的行為。

(5) 保證退貨的服務

　　好市多也推出只要商品有問題就一律退貨的服務，帶來好口碑。

(6) 會員制成功

　　臺灣好市多成功拓展出 300 萬名繳交年費的會員，一年有 40 億元淨收入，成為好市多最大利潤的來源。因此，它可以用低價回饋給會員，創造會員心目中會員卡的價值所在。因此，好市多不斷在定價、商品及服務上，努力創造出更多、更好的附加價值，回饋給顧客，形成良性循環。

(7) 賣場兼有用餐場地

　　每個好市多賣場，除了賣東西之外，也都有食用美式速食的用餐場地，方便顧客肚子餓了可以坐下來吃美食，這也是良好服務的一環，設想周到。

（註 1）：此段資料來源，取材自好市多官網。

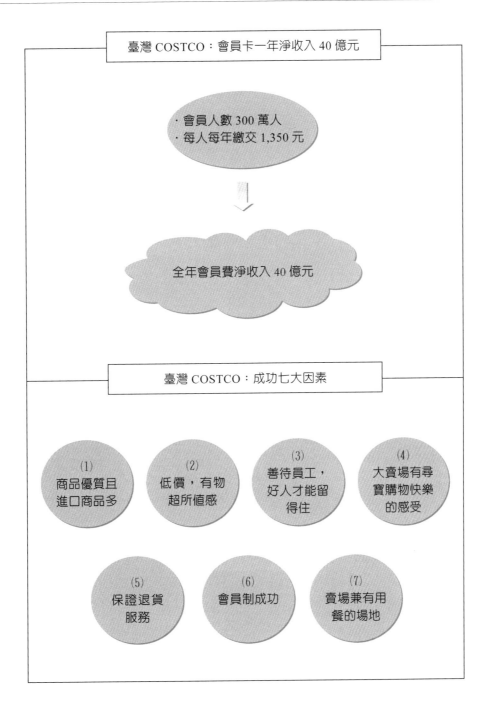

臺灣 COSTCO：會員卡一年淨收入 40 億元

・會員人數 300 萬人
・每人每年繳交 1,350 元

全年會員費淨收入 40 億元

臺灣 COSTCO：成功七大因素

(1) 商品優質且進口商品多

(2) 低價，有物超所值感

(3) 善待員工，好人才能留得住

(4) 大賣場有尋寶購物快樂的感受

(5) 保證退貨服務

(6) 會員制成功

(7) 賣場兼有用餐的場地

問·題·研·討

1. 請討論好市多的商品策略為何？
2. 請討論好市多為何毛利率不能超過 12%？
3. 請討論好市多的會員有多少人？年費收取多少錢？消費者為何願付年費？
4. 請討論好市多的採購團隊狀況如何？
5. 請討論好市多如何留住好人才？
6. 請討論好市多的成功關鍵因素為何？
7. 總結來說，從此個案中，您學到了什麼？

個案11　case eleven

家樂福

臺灣最大本土量販店的成功祕笈

家樂福（Carrefour）於 1963 年第一家量販店在法國成立，迄今已有 60 多年。後來，家樂福進軍臺灣市場，並與臺灣統一企業成立合資公司。家樂福目前在臺灣已有超過 330 家大、中、小的店面，年營業額超過 900 億元，僅落後第一名的好市多（COSTCO），但領先大潤發及愛買等競爭對手。

產品品項非常齊全、完整、多元

家樂福的一大特色，即是產品品項非常齊全、完整、多元，消費者可以享受一站購足的方便及喜悅。

從乾貨、蔬果、冷凍食品、生鮮魚肉、飲料、麵包等幾乎無所不包，比全聯超市的品項更多、更豐富。此外，也有國外品牌的產品，如葡萄酒等。

通路策略：提供 3 種不同店型的賣場據點

家樂福在臺灣，長期以來都是提供 1,000 坪以上的大型量販店型態，目前全臺已有 70 家這種大型店。但近幾年來，爲因應顧客交通便利性需求，因此，家樂福也開展併購頂好超市 200 坪以內的中型店，目前，此店

型全臺也有 250 家。

另外，因應網購迅速發展，家樂福也開發第 3 種型態店——虛擬網購通路；網購通路不用出門，即可在家輕鬆以電腦或手機下單，即採宅配到家的方式。目前，家樂福實體店有 700 多萬名會員，而網購也有 70 多萬名會員。

發展自有品牌，提高獲利

家樂福自 1997 年，即 20 多年前已逐步發展自有品牌，剛開始比較緩慢發展，但是近幾年來即快速發展。發展自有品牌的目的，主要是為了提高獲利水準。另一個目的，則是希望提供更平價的產品給消費者。家樂福自有品牌的發展，已經成功達成這 2 個目的了。

家樂福自有品牌的名稱，即是取名為「家樂福超值」商品。品項包括：各式食品、個人衛生用品、家庭清潔用品等，提供顧客經濟實惠的選擇。家樂福自有品牌的產品，擁有與全國性製造商品牌一樣的品質水準，但價格至少便宜 5%～20%。

好康卡（會員卡）

家樂福也提供會員辦卡，稱為「好康卡」，即為一種紅利集點卡，每次約有 0.3% 的紅利累積回饋，目前辦卡人數已超過 700 萬，好康卡的使用率已高達 90%，顯示會員顧客對紅利集點優惠的重視。

家樂福的 3 項經營策略

⑴ 從世界進口多元產品

家樂福除了本土產品外，也從世界各國，美國、歐洲、日本、韓國、東南亞等地區國家進口當地最暢銷且適合臺灣口味的各式產品，例如：歐洲的葡萄酒、韓國的泡麵都非常暢銷。家樂福也經常舉辦特展，例如：日本展、韓國展、美國展、歐洲展、澳洲展等，以特展方式，集合國外最好的產品進到臺灣來。

(2) 嚴選生鮮產品

包括蔬菜、水果、魚、肉等各式各樣生鮮產品都是消費者每天必買的民生用品，因此，家樂福特別重視食品安全、健康保證問題，非常嚴謹的選擇供貨廠商及控管品質流程，多年來很少發生食安問題。

(3) 力行 only yes 服務要求

家樂福秉持法國總公司的頂級服務要求，即 only yes 的服務水準要求。凡是賣場內顧客提出的各種詢問、要求事項，服務人員不能說 No，只能回答 Yes，並盡力協助顧客解決問題及需求。

● 對未來發展的 5 種觀點及認知

(1) 優化消費者購物體驗

消費者的需求及水準是不斷上升的，因此，必須不斷優化消費者在家樂福大賣場的購物體驗，才會有更高的回店率及回購率。

(2) 競爭是動態的

家樂福認為同業或跨業競爭是動態的，而不是靜態的，因此，必須不斷革新自己、升級自己，不斷追求進步。

(3) 全新角度去檢視

未來必須用全方位、全新的角度去檢視競爭者、消費者、供貨商及大環境的變化及創新，才能訂下正確的因應對策及不斷追求成長。

(4) 轉型沒有終點

家樂福認為不能死守原點及原模式，必要時，必須加快轉型，轉變方向與道路，才能正確的突圍成功。

(5) 未來是消費者的世界

擁有通路是重要的，但是，更重要的是消費者的世界，未來必須更聚焦在消費者身上，企業才會成功。

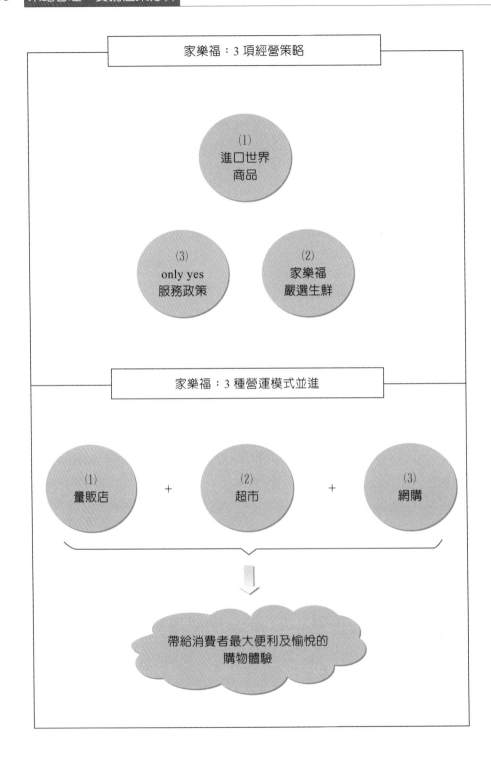

問·題·研·討

1. 請討論家樂福提供哪 3 種不同店型？為什麼？

2. 請討論家樂福的自有品牌發展如何？

3. 請討論家樂福的好康卡如何？

4. 請討論家樂福的 3 項經營策略為何？

5. 請討論家樂福對未來經營的 5 種觀點為何？

6. 總結來說，從此個案中，您學到了什麼？

個案 12　case twelve

寶雅

稱霸國內美妝零售王國的經營策略

　　寶雅（POYA）是近年來如黑馬般快速崛起的生活雜貨與美妝連鎖店，自 1985 年成立以來，全臺已有 350 家門市店，也是唯一有上市櫃的美妝連鎖店，它是從中南部起家的。

卓越的經營績效

　　寶雅公司在 2006 年時，年營收額才達 34 億元，到 2024 年，成長至 220 億元，幾乎成長 6 倍之多。毛利率高達 43% 之高，營業利益率達 14.8%，淨利率達 12%，2024 年的年淨利額達 24 億元，EPS 每股盈餘更高達 17.5 元，可以說居同業之冠。上市股價達 280 元之高，現有員工數為 4,152 人。

市占率高達 82%

　　寶雅與其同業的店數比較如下：
　⑴寶雅：206 店。
　⑵美華泰：26 店。
　⑶佳瑪：11 店。
　⑷四季：8 店。
　　寶雅店數的市占率高達 82%，位居同業之冠。

全臺北、中、南分店數達 350 家

寶雅目前全臺有 350 家分店，其中，北區有 120 家店、中區有 80 家店、南區 150 家店；各地區店數分配相當平均，不過，中南部分店的坪數空間比北部稍大，主因是北部 400 坪以上的大店面不易找。

寶雅評估每 4 萬人口可以開出一家店，臺灣 2,300 萬人口，約可容納 570 家店，以 80% 估算，全臺可開出 450 家店；尚未達到市場飽和，未來展望仍不錯。

寶雅的競爭優勢

寶雅的競爭優勢，主要有 2 項：

一是規模最大，業界第一。

寶雅有 350 家店，遙遙領先第二名的美華泰（僅 26 店），可說位居龍頭地位。

二是明確的市場區隔。

寶雅有 6 萬個品項，是屈臣氏、康是美藥妝店 1.5 萬個品項的 4 倍之多，可說擁有多元、豐富、齊全、新奇的商品力，有力的做出自己的市場區隔，跟屈臣氏是有區別的。

寶雅的主要商品銷售占比，根據 2024 年最新的年度銷售狀況，各品類的銷售額占比，大致如下：

⑴ 保養品（16%）。

⑵ 彩妝品（16%）。

⑶ 家庭百貨（16%）。

⑷ 飾品＋紡織品（15%）。

⑸ 洗沐品（11%）。

⑹ 食品（11%）。

⑺ 醫美（5%）。

⑻ 五金（5%）。

⑼ 生活雜貨（3%）。

⑽ 其他（3%）。

從上述來看，顯然以彩妝保養品合計占 32% 居最多；但在其他家庭

百貨、飾品、紡織品、洗沐、食品部分，也有一些占比，因此，寶雅可以說是一個非常多元化、多樣化的女性大賣場及女性商店。

寶雅的未來發展

寶雅的未來發展有四大項，如下：

⑴ 持續店鋪與產品升級

① 提升店鋪流行感。
② 塑造顧客記憶點。
③ 優化商品組合。

⑵ 持續快速展店

持續展店，擴大規模效益，2026 年目標總店數為 450 店。

⑶ 建立物流體系

包括高雄物流中心及桃園物流中心，各支援未來 450 家店數，目前均已完成啟用。

⑷ 發展門市店新品牌──寶家（五金百貨店）

寶雅的關鍵成功因素

總的來看，寶雅的關鍵成功因素有：

⑴ 從南到北的拓展策略正確

寶雅剛開始起步是從臺灣南部出發，而且都是走 400 坪大店型態，那時候的競爭也比較少，此一策略奠定了寶雅初期的成功。

⑵ 品項多元、豐富、新奇，可選擇性高

寶雅品項高達 6 萬個，每一品類都非常多元、豐富、新奇，可滿足消費者的各種需求，大多產品都可買得到，形成寶雅一大特色，也是它成功的基礎。

⑶ 店面坪數大，空間寬闊明亮

寶雅在中南部大多為 400 坪以上的大店，店內明亮清潔，井然有序，讓人有購物舒適感。

⑷ 差異化策略成功

寶雅雖為美妝雜貨店，但其產品內容與屈臣氏、康是美二大業者並不相同，可以說是走出自己的風格及特色，或是差異化策略成功，成為該業態的第一大業者。

⑸ 專注女性客群成功

寶雅 80% 客群都是 19 歲～59 歲的女性，具有女性商店的鮮明定位形象，很能吸引顧客。

⑹ 高毛利率、高獲利率

寶雅在財務績效方面，擁有 43% 高毛利率及 14% 的高獲利率，此亦顯示出它的進貨成本及管銷費用都管控得很好，才會有高毛利率及高獲利率的雙重結果。

本個案重要關鍵字

1. 高毛利率、高獲利率
2. 市占率高達 82%
3. 明確的市場區隔及定位
4. 女性商店
5. 多元化、多樣化、新奇化的 6 萬個品項數目
6. 持續店鋪及產品升級
7. 優化商品組合
8. 提升店鋪流行感
9. 持續快速展店，擴大規模
10. 建立物流體系
11. 差異化策略成功

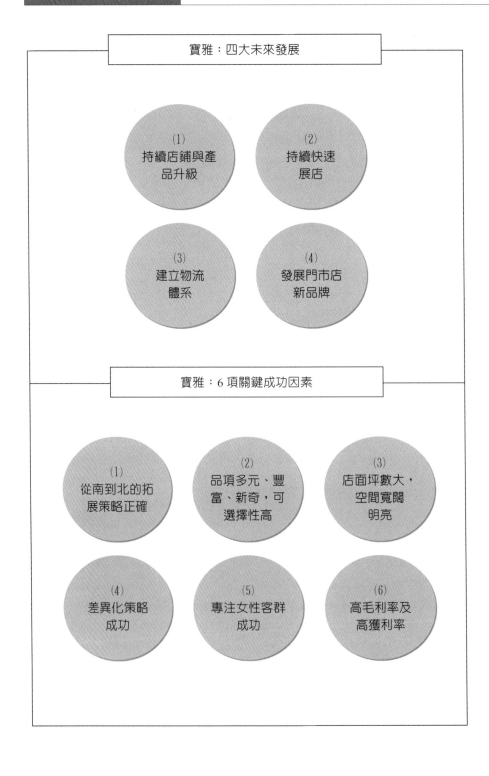

問·題·研·討

1. 請討論寶雅北、中、南區的分店數為多少？未來還有多少成長空間？
2. 請討論寶雅卓越的經營績效為何？
3. 請討論寶雅的市占率多少？競爭優勢又為何？
4. 請討論寶雅的主要品類銷售占比為多少？
5. 請討論寶雅的未來發展為何？
6. 請討論寶雅的關鍵成功因素為何？
7. 總結來說，從此個案中，您學到了什麼？

個案13　case thirteen

瓦城

全臺最大泰式連鎖餐飲

公司簡介與經營績效

1990 年創立以來至 2024 年，瓦城已成為全臺最大泰式連鎖餐飲第一品牌，它以 ⑴ 高品質的美味；⑵ 親切熱忱的服務；⑶ 溫馨舒適的環境等三大特色，引領全臺泰式餐飲風潮。（註 1）

瓦城旗下有 7 個品牌，分別是：瓦城（67 店）、大心（33 店）、1010 湘（17 店）、非常泰、大食湘、時時香、Yabi 等；兩岸合計 120 店，其中，中國有 11 店，臺灣 109 店，30 多年來，總來店人數已破 750 萬人次。

瓦城公司 2024 年營收達 48 億元，毛利率達 50%，獲利率 8%，年獲利額 3.8 億元；未來將持續展店，以保持營收及獲利的不斷成長。

連鎖化成功的 2 個關鍵

⑴S.O.P. 是必須的

瓦城如何突破東方菜系難以複製的問題，其解決方案就是：建立「東方爐炒連鎖化系統」，亦即建立炒菜的 S.O.P.（標準作業流程）。

有 3 招基本功：

① 食材規格化：將 700 種食材原料標準化、規格化。

② 廚房管理科學化：即顧客坐下 3 分鐘內倒水、8 分鐘內出第一道菜、25 分鐘內出最後一道菜。

③ 廚房培訓系統化：所有廚師一年內學成基本功，包括：食材處理、刀工、調味、火候、爐炒，技術與流程也都 S.O.P. 化。

⑵ **升遷制度透明化**

瓦城導入分級制，為廚師建立 11 級臂章制度，依廚師功力加以分級。瓦城的升級、加薪，都有很透明的制度及公平考核，每個同仁都知道他未來會在哪個職位。

展店策略

近期以來，瓦城的展店也必須符合時代與環境的變化，因此，近期的展店策略，亦向百貨公司發展；亦即要借助百貨公司的集客能力，最近，瓦城在臺北信義微風百貨南山館，開設了 4 家不同品牌的店，在南山館不同的樓層，客群也有所不同，包括大心、Yabi、時時香等不同品牌。

集團資源運籌中心

瓦城也成立集團跨品牌的資源運籌中心，負責跨品牌的食材採購、食材整理、品質保證及後勤支援等功能；讓每個新品牌推出時，均享有採購優勢及成本管制優勢，以提高獲利率。

瓦城成功的 6 個關鍵因素

30 多年來，瓦城餐飲集團能夠成為僅次於王品餐飲之後的臺灣第二大餐飲集團及臺灣第一大泰式餐飲，歸納其成功的最重要 6 個關鍵因素，分別如下：

⑴ 高品質、穩定的菜色。

⑵ 自創東方菜爐炒廚房連鎖化系統。

⑶ 自創廚師 11 級臂章制度。

⑷ 多品牌開拓市場。

⑸ 製程標準化與管理科學化。

⑹從泰式料理打出差異化特色。

從 FEST 創新

瓦城認爲做餐飲事業，主要從四大面向尋求發展與創新，如下：
⑴Food：食材、菜色、料理的創新。
⑵Enviroment：從環境、裝潢、布置等尋求創新與變化。
⑶Service：從服務尋求創新、升級與貼心、精緻、有好口碑。
⑷Trust：信任是品牌的核心根基，不斷提升對瓦城餐廳的信任感及好感度。

首推乾拌麵零售

瓦城在 2019 年 12 月首推「泰式酸辣乾拌麵」零售產品，並在 momo、PChome、蝦皮等網購通路販售；開啟發展實體產品在零售市場銷售，以增加周邊收入。

結語

瓦城的經營理念就是從未停止進步及創新，在其董事長辦公室旁，即設有一個研發廚房，每天都在尋求料理更好吃及更創新。

瓦城董事長曾說過：「不怕市場競爭，因爲最大對手就是自己；也不怕被模仿，因爲，瓦城就是瓦城，全世界只有一個瓦城。」

（註 1）此段資料來源，取材自瓦城公司官網（www.thaitown.com.tw）。

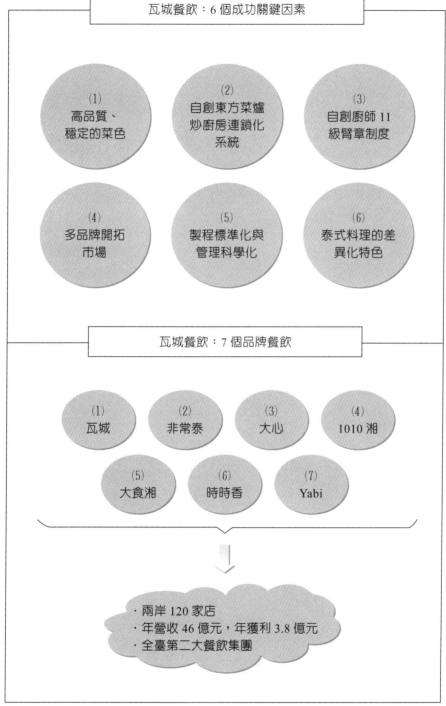

瓦城餐飲：6 個成功關鍵因素

(1)
高品質、
穩定的菜色

(2)
自創東方菜爐
炒廚房連鎖化
系統

(3)
自創廚師 11
級臂章制度

(4)
多品牌開拓
市場

(5)
製程標準化與
管理科學化

(6)
泰式料理的差
異化特色

瓦城餐飲：7 個品牌餐飲

(1)
瓦城

(2)
非常泰

(3)
大心

(4)
1010 湘

(5)
大食湘

(6)
時時香

(7)
Yabi

・兩岸 120 家店
・年營收 46 億元，年獲利 3.8 億元
・全臺第二大餐飲集團

問・題・研・討

1. 請討論瓦城的公司簡介及經營績效為何？
2. 請討論瓦城有 3 招 S.O.P. 基本功為何？
3. 請討論瓦城近期的展店策略為何？
4. 請討論瓦城的集團資源運籌中心負責功能為何？
5. 請討論瓦城能夠成功的 6 個關鍵因素為何？
6. 請討論瓦城的 FEST 4 個面向的創新為何？
7. 請討論瓦城為何要推出乾拌麵銷售？
8. 請討論瓦城最大的競爭對手為何？
9. 總結來說，從此個案中，您學到了什麼？

個案 **14** case fourteen

和泰汽車 1

臺灣冠軍車的經營祕訣

日本豐田汽車第一個海外代理商

和泰汽車 2024 年獲利額超過 120 億，股價達 360 元，整體市值高達 2,500 億元，在國內汽車市占率高達 33% 之高，幾乎每 3 部車就有一部 TOYOTA 的品牌，顯見 TOYOTA 汽車品牌受到國人歡迎的情況。在高級車方面，豐田的 Lexus（凌志）品牌也位居第一，領先賓士（Benz）轎車及 BMW 汽車品牌。早年和泰汽車公司取得日本豐田汽車在臺灣的總代理銷售權，30 多年來，和泰汽車不辱使命，把臺灣汽車市場經營得不錯，因此，日本總公司從未提過要收回臺灣地區的代理商，顯見它們對和泰汽車的滿意及信任。

經營祕訣 1：在車子每個生命週期，不斷挖出利潤！

和泰汽車一年可以獲利 120 億元之高，主要是它賺透汽車生態鏈的每一個環境，如下圖所示有 7 個賺錢環節：

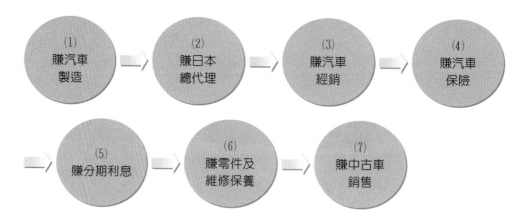

茲分析如下：

⑴賺製造利潤：和泰汽車跟日本豐田總公司在臺灣桃園中壢合資設
立國瑞汽車製造公司，國內銷售的 TOYOTA 車種，主要都是國瑞
公司製造的，此廠的毛利率至少在 30% 以上，這是和泰汽車公司
的第一道利潤。

⑵賺總代理利潤：和泰公司為 TOYOTA 日本總公司在臺授權的汽車
銷售總代理，凡是國瑞製造或進口的日本車種，均由和泰公司做
總代理商，再撥發給全臺各地經銷商去銷售，因此，和泰也賺到
第二道的總代理利潤；依據財報顯示，和泰的毛利率高達 30%，
淨利率也達 10% 之高。

⑶賺全臺各地經銷的銷售利潤：和泰汽車的銷售管道是透過全臺 8
家大型經銷商賣出去的，而這 8 家經銷商卻都是由和泰公司與它
們共同合資而組成的，和泰的合資比例在 20%～70% 之間；亦即
這 8 家經銷商每年賣汽車所賺的利潤額，就有二成～七成必須回
到和泰公司身上，這樣和泰就賺到第三道利潤了。

⑷賺保險、分期貸款、維修保養及中古車銷售利潤：接著，汽車賣
出之後必須保險，和泰公司也成立一家專做汽車產險的子公司，
這樣就賺到第四道利潤。再來，賣汽車大都有分期付款的金融貸
款需求，和泰也成立一家子公司，專做這方面的金融工作，這就
賺到第五道利潤。接著汽車定期必會維修保養，和泰就賺到第六
道利潤；最後，汽車用久了想換新車，就產生出中古車的買賣需
求及利潤，這就賺到第七道利潤了。

經營祕訣 2：維繫與經銷商良好關係

和泰汽車全臺旗下有跟它們合資的 8 家經銷商，它們分別是國都、北都、桃苗、中部、南都、高都、蘭陽、東部等 8 家優良汽車銷售經銷商，30 多年來，和泰與它們相互合作，互利互榮，共同打拚，才能創造出和泰汽車 33% 的高市占率成績。

當然，和泰作為總代理角色，自然也奉獻出很多資源給經銷商，協助它們在銷售上達到最好的目標。

和泰對經銷商的協助、支援事項，包括：

⑴ 做好 TOYOTA 汽車各款型品牌的行銷宣傳，並打造 TOYOTA 是最優良汽車品牌的信賴形象與大眾口碑。

⑵ 每年至少投入 7 億元廣告費在電視廣告、網路廣告與社群廣告宣傳上。

⑶ 提供教育、財務支援、資訊管理支援、銷售技術支援、車款製造供應支援等各方面的勞動管理過程投入。

由於 8 家經銷商每年都有不錯的銷售業績達成，才能確保和泰在臺灣地區總代理商的角色條件與合約。因此，和泰與 8 家經銷商生命與共，是一體的，這也是和泰特別重視經銷商這個環節的任務工作。

經營祕訣 3：打造與日本豐田總公司長期良好關係

和泰汽車公司高層人員始終與日本總公司相關高層保持長期且深入的良好關係，和泰相關人員每年也會出差至日本總公司好幾趟拜訪相關主管，一方面報告臺灣地區市場情況及銷售成績，二方面也維繫個人私下情誼，讓這個總代理權能夠授權下去，不會中斷。這是最重要的根本固源之道。

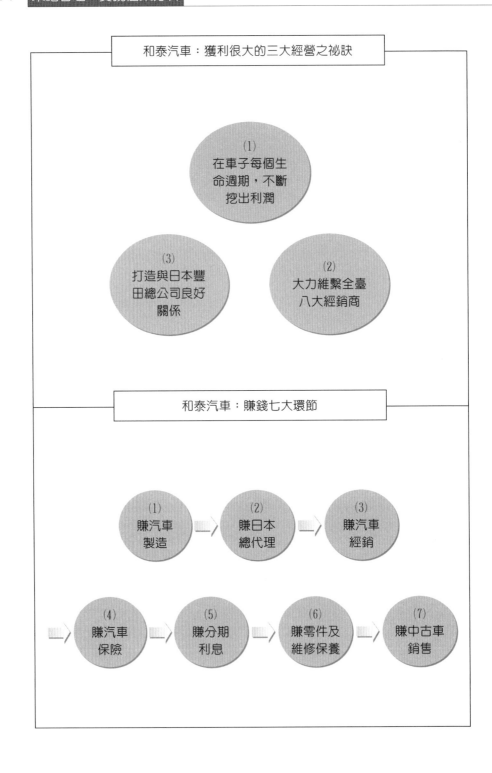

問・題・研・討

1. 請討論和泰汽車的經營績效如何？
2. 請討論和泰汽車如何在車子的每個生命週期不斷挖出利潤？
3. 請討論和泰汽車如何維繫旗下的八大經銷商？
4. 請討論和泰汽車如何打造與豐田血濃於水的關係？
5. 總結來說，從此個案中，您學到了什麼？

個案 15 `case fifteen`

和泰汽車 2

第一市占率的行銷策略祕笈

市占率 29%，位居第一

和泰汽車是日本豐田汽車公司（TOYOTA）在臺灣區的總代理公司，主要銷售由國瑞汽車工廠所製造的各款 TOYOTA 汽車。和泰汽車為上市公司，根據其公開的財務報表顯示，和泰 2020 年的年營收額高達 1,840億元，獲利額 126 億元，獲利率為 7%，年銷售汽車 13 萬輛，占全臺 44萬輛車的市占率達 33%，位居第一大市占率，遙遙領先其他競爭對手，例如：裕隆、福特、三菱、日產、馬自達等各大品牌。

產品策略（product）

和泰汽車的產品策略，主要有 3 點：

⑴訴求日系車的造車工藝與高品質、高安全性的水準。

⑵採取母子品牌策略。母品牌即是 TOYOTA，子品牌則是各款式車輛品牌。目前計有以下品牌，包括：Alphard、Auris、C-HR、Camry、Camry 系列、Corolla Altis、Granvia、Hilux、Prado、Previa、Prius 系列、RAV4、Sienna、Sienta、Vios、Yaris、Cross等。此種母子連結的品牌策略，可帶來不同的市場區隔、不同的定位、不同的銷售對象，總結來說，即是可以擴大營收規模及獲

利空間。

(3)強調重視環保功能，有油電混合的複合車，一則省油，二則具環
保要求。

以上 3 點產品策略，使 TOYOTA 汽車在臺灣汽車市場能獲得良好的
口碑及高信賴度，而使該車款也能保持長銷。

定價策略（price）

和泰汽車在定價策略上，靈活採取了平價車、中價位車及高價位車 3
種定位。（註 1）

例如：在平價車方面，計有下列幾款車：

(1)Yaris（58 萬～69 萬元）。

(2)Altis（69 萬～77 萬元）。

(3)Vios（54 萬～63 萬元）。

平價位車主要銷售對象為年輕上班族群，年齡層在 25 歲～30 歲左右。

中價位車方面，計有：

(1)Camry（106 萬元）。

(2)Sienta（65 萬～86 萬元）。

(3)Auris（83 萬～88 萬元）。

(4)Prius（112 萬元）。

中價位車主要銷售對象為中產階級及壯年上班族，年齡層在 30 歲～
45 歲左右。

另外，在高價位車方面，計有：

(1)Granvia（170 萬～180 萬元）。

(2)Sienna（198 萬～290 萬元）。

(3)Previa（140 萬～208 萬元）。

(4)Alphard（260 萬元）。

(5)Crown（150 萬～250 萬元）。

(6)Lexus（150 萬～500 萬元）。

高價位車主要銷售對象為高收入的企業中高階幹部及中小企業老闆。
年齡層在 45 歲～60 歲之間。

通路策略（place）

根據和泰汽車官方網站顯示，和泰 TOYOTA 的銷售網路，以下列 8 家經銷公司為主力，即：「國都汽車、北都汽車、桃苗汽車、中部汽車、南都汽車、高都汽車、蘭揚汽車及東部汽車等 8 家經銷公司，全臺銷售據點數合計達 147 個。」（註 2）

這 8 家經銷公司都與和泰汽車公司有合資關係，因此雙方可以互利互榮，共創雙贏，創造銷售佳績。而和泰汽車也在融資、資訊系統、產品教育訓練等方面給予最大協助。和泰清楚認識到，唯有經銷商能賺錢，和泰總公司也才能賺到錢。

推廣策略（promotion）

和泰汽車的成功，在行銷及推廣策略貢獻上是不可或缺的，和泰汽車的推廣宣傳操作，主要有下列幾點。

(1) 代言人

近幾年來，TOYOTA 汽車的代言人，主要以當紅的五月天及蔡依林最成功，找他們為代言人，主要就是希望爭取年輕人的關注，避免 TOYOTA 品牌老化，因為和泰汽車已成立 70 年，難免會有老化現象。

(2) 電視廣告（TVCF）

和泰的媒體宣傳，主力 80% 仍放在電視媒體的廣告播放上，每年大概花費 7 億元投入。幾乎每天都會在各大新聞臺廣告中看到 TOYOTA 各品牌的汽車廣告，這方面的投資成效不錯。

(3) 網路與社群廣告

和泰汽車為了爭取年輕族群，這幾年也開始撥出預算的二成在網路及社群廣告上，希望 TOYOTA 品牌宣傳的露出，能夠讓更多年輕人看到，這方面每年也花費 3,000 萬元投入。

(4) 記者會

和泰汽車每年的新款車上市、新春記者聯誼會、公益活動舉辦等，幾乎都會舉行大型記者會，希望各媒體能多加報導及曝光，以強化品牌好感

度。

(5) 公益行銷

和泰汽車認知到「取之於社會，也要用之於社會」，因此，大舉投入公益活動，希望形塑出企業優良形象。公益活動如下：

① 全國捐血用車。

② 國小交通導護裝備捐贈。

③ 一車一樹環保計畫（已種下 22 萬棵樹）。

④ 全國兒童交通安全繪畫比賽。

⑤ 培育車輛專業人才計畫。

⑥ 校園交通安全說故事公益巡迴活動。

⑦ 公益夢想家計畫。

(6) 戶外廣告

和泰汽車的媒體宣傳，也會使用戶外的公車廣告、捷運廣告及大型看板廣告作為輔助媒體的宣傳。另外，也會在戶外舉辦品牌體驗館的活動。

(7) 改革 APP

和泰汽車不斷改良手機用的 APP，使 APP 也成為針對汽車用戶的行動宣傳工具。

(8) 促銷活動

促銷也是行銷操作重要且有效的方式。汽車業最常用的 2 種促銷，一是 60 萬元用 60 期零利率分期付款的優惠；二是以買車即送價值萬元的 dyson 吹風機等方式為誘因。

服務策略

和泰汽車在全臺設有 163 個維修據點，方便客戶能就近找到維修點；另外，亦設有顧客服務中心專線，隨時接聽客人的意見反映及協助解決。

另外，和泰汽車為了給客人更全方位的服務，也成立 3 個周邊公司，各自為客人提供下列服務，分別為：

⑴ **和泰產險公司**

　　負責提供汽車保險事宜。

⑵ **和潤企業**

　　負責提供汽車分期付款事宜。

⑶ **和運租車**

　　負責提供在外租車事宜。

（註1）及（註2）：此部分資料來源，取材自和泰汽車官方網站。

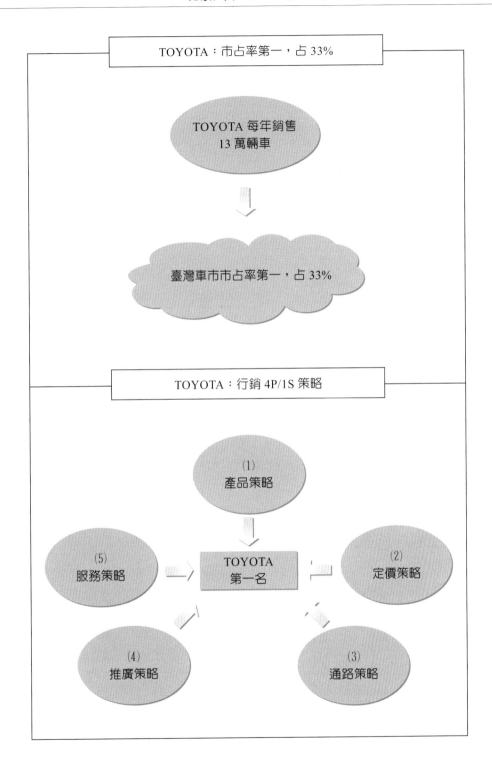

問・題・研・討

1. 請討論和泰汽車的經營績效如何？
2. 請討論和泰汽車的產品定價及通路策略為何？
3. 請討論和泰汽車的推廣宣傳策略為何？
4. 總結來說，從此個案中，您學到了什麼？

個案 16　case sixteen

三陽機車

9 年逆襲，榮登機車第一名市占率的經營祕訣

公司簡介

9 年前，三陽機車公司的大部分股權落到從事土地開發的吳清源手上，當時三陽機車在整個機車市場的市占率僅有 9% 而已，面臨衰退不振的幾個困境，包括：

⑴市占率最後一名，落後光陽及山葉。

⑵新車型很少。

⑶員工人心浮動不穩。

⑷技術落後，品質不行。

⑸經銷商出走。

然而，經過吳清源董事長的 9 年改革，終於市占率榮登第一名，達到 35%，超越始終第一的光陽 27%；三陽機車在 2022 年，年營收達 150 億元，年賣 25 萬輛機車，年獲利 15 億元，獲利率 10%。

產品革新策略：推新款車、提升品質、省油、年輕化

具體來說，吳清源董事長及其三陽機車團隊能使產品市占率回升及暢銷，最大的革新核心，就是「產品力」。

三陽機車產品力的改革策略，歸納有四大特點，如下：

⑴持續推出新車款。

⑵機車品質提升、加強，做出好機車。

⑶機車外觀設計全面年輕化，吸引年輕廣大客群。

⑷省油，少花油錢，能打動機車族群。

三陽機車在近 6 年來，推出 4 款暢銷車款，如下：

⑴2016 年：推出平價車款「WOO 100」，銷售大賣，至今每月仍銷 7,000 臺之多。

⑵2019 年：推出高階明星車款、旗艦款的「DRG」，售價 10 萬元，提供 36 期零利率及月付 3,000 元，造成市場轉動。

⑶2021 年：推出 JET 系列，有賽道王者之稱號。

⑷2022 年 6 年：推出「全新迪爵 125」，中價位，每公升可跑 64 公里，過去是 46 公里，極為省油，而且具有外觀造型年輕化、夠力、耐騎等優點，推出後大賣，三陽機車市占率一下子超越光陽，榮登第一名銷售量，迄 2023 年上半年仍是如此佳績，現在很多消費者亦指定要買「新迪爵 125」機車。

人力組織策略

2017 年，為了翻轉三陽機車老氣、便宜、品質不好的印象，把當時的研發團隊，改革為 2 個團隊，一個是「設計團隊」，由年輕員工組成，負責設計機車外觀的年輕化、炫化、帥化；另一個是「技術團隊」，由較資深的員工組成，負責省油技術、耐用技術、夠力、夠衝技術開發。

結果，這 2 個團隊都成功達成目標了，可說是三陽新款機車的最大幕後功臣。

通路策略

9 年改革之後，三陽機車在全臺的經銷商（店）大幅成長 50%，合計經銷＋專銷超過 3,000 家之多。而且，因為三陽機車暢銷，有錢賺、有利潤，三陽全臺經銷商士氣很高昂，重新找回對三陽總公司的信任感及關係緊密感。9 年前，三陽經銷商軍心渙散、機車賣不動、品質不好、無新車

款、沒錢賺、一個一個都跑掉的現象，已大幅改善了。

零組件協力廠策略

　　吳董事長上臺後，這 9 年來，喊出「共同設計、共同研發、共享利潤、共同共榮」，與外部這些協力廠商重新大力改造，重新緊密團結，重新再突圍，結果協力廠商也都能賺到錢，並且與三陽搭配良好，發揮技術上 1 + 1 > 2 的良好綜效，大家都努力使三陽機車技術升級及品質提升的目標達成。

拿下心占率＋市占率第一名

　　吳董事長表示，2022 年三陽機車已重返銷售市占率第一名，他希望在「品牌心占率」上，也要努力獲得第一名。

　　未來三陽機車在 (1) 品質上；(2) 技術上；(3) 省油上；(4) 耐用上；(5) 廣告宣傳上；(6) 口碑上；(7) 媒體報導上等七大方向，都要持續再努力、再精進，以達成廣大機車族的品牌心占率第一名。

持續大量投放廣告聲量

　　三陽機車年營收達 150 億元，從其中拿取 2%、計 3 億元，作為每年電視及網路上的年度廣告宣傳費；以持續累積出對三陽品牌的知名度、指名度、好感度及依賴度；並同時帶給全臺 3,000 多家經銷商更鞏固的經銷信心。

拓展海外市場

　　吳董事長認為，臺灣 2,300 萬人口的市場及一年 70 萬輛機車的市場，市場太小，不可能成長，因此，計劃進軍東南亞（東協）市場＋歐洲市場，且希望海外營收能占到七成之多，臺灣則占三成。且以臺灣總公司為研發中心，以每年推出 1 款～2 款新機車為目標。

獎勵員工

2022 年，三陽機車市占率榮登第一，且營收及獲利均創下新高，吳董事長也核發平均 6 個月的年終獎金，特優有 10 個月，以激勵、獎勵全體 2,000 多名員工一年的努力及付出，且希望以此激發組織士氣。

董事長的信念及經營管理

吳董事長接任 9 年來，從三陽的最低潮的改革，到登上最佳冠軍寶座，其個人的經營管理及理念，有以下幾點：

⑴今年績效，就是明年壓力。
⑵永遠／每天都要戰戰兢兢，不容懈怠。
⑶既然要做，就要把事情做好。
⑷做好表率，使員工相信。
⑸我每天上班 12 小時，從無懈怠。
⑹用實力證明一切。
⑺高階主管要說到做到，要與員工站在同一陣線。
⑻經銷商提出任何問題，要立刻想辦法解決、立刻改善。

潛在問題點

雖然三陽機車在 2022 年～2023 年為燃油機車銷售冠軍，但在先進的「電動車」上，進度仍較光陽機車落後不少。光陽的「IONEX 電動機車」已上市銷售 2 年了，三陽仍在研發中，如果未來 10 年、20 年電動機車是必然趨勢的話，那麼，這對三陽機車是必然的挑戰及問題點。三陽機車有待急起直追了。

三陽機車最新市占率，持續領先

2023 年 5 月分，三陽機車當月銷售 2 萬臺，市占率高達 38.4%，已連續 13 個月坐穩國內機車單月銷售冠軍。

主因是三陽的新迪爵、時尚 Fiddle 系列及速克達 JET 系列等，均為年輕族群購車的指名車款。另外，再加上搭配促銷方案，買就送精品組，

帶動業績成長。

越南廠已轉虧為盈

三陽機車越南廠已在 2022 年度正式轉虧為盈了，2023 年則可望獲利更好。

臺灣一年機車銷量為 70 萬輛，越南則為一年 300 萬輛，市場規模為臺灣的逾 4 倍之大，而整個東南亞機車市場，則為臺灣的 17 倍之大。目前，越南市場以日本的 HONDA（本田）機車市占率最高，達七成之高。

三陽機車已完成越南機車市場的調查，了解越南的消費者偏好及需求，以及市場未來趨勢；因為，越南市場與臺灣市場不同，所以，必須研發適合當地市場需求的新型機車，新型機車設計將是越南市場的決戰點。

問・題・研・討

1. 請討論三陽機車簡介？
2. 請討論三陽機車的產品改革策略為何？
3. 請討論三陽機車的人力組織策略為何？
4. 請討論三陽機車的通路策略為何？
5. 請討論三陽機車的協力廠策略為何？
6. 請討論三陽機車心占率＋市占率第一名的策略為何？
7. 請討論三陽機車的廣告投放策略為何？
8. 請討論三陽機車拓展海外市場策略為何？
9. 請討論三陽機車如何獎勵員工？
10. 請討論三陽機車董事長的經營理念及管理做法為何？
11. 請討論三陽機車的潛在問題點為何？
12. 請討論三陽機車在 2023 年 4 月分最新市占率狀況如何？
13. 請討論三陽機車越南廠損益狀況如何？市場規模如何？贏的關鍵為何？
14. 總結來說，從此個案中，您學到了什麼？

個案 17　case seventeen

寬宏藝術

國內第一大展演公司成功經營之道

公司概述

　　寬宏藝術公司是由創辦人林建寰於早年從小工作室創立而起，並於 2004 年正式創立寬宏藝術公司，19 年優良經營下，於 2018 年在資本市場上櫃成功，成為第一家上櫃的展演公司。寬宏藝術的營運內容是以承辦國外大型音樂劇、國內外演唱會及國外展覽等三大活動為主軸，並且是整合企劃、硬體打造、行銷宣傳及網路售票等四合一一條龍的完整展演公司。該公司於 2024 年的營收額達 13 億元，居國內同業公司最高，獲利約 9,600 萬元，獲利率為 8%。

如何爭取國外展演團體的信任

　　承辦國外大型表演團體來臺灣做演出，最重要的一件事情，就是必須爭取到他們內心的最大信任。因為國外表演團體到某地演出，都會經過很多評估，例如：當地承辦公司的財力夠不夠強，國際信用好不好，以及主辦單位是否付得起這種高額的演出費，而且還要能預先支付費用。

　　寬宏過去幾年來，陸續承辦過《貓》、《獅子王》、《歌劇魅影》等知名音樂劇，而且都非常成功順利，寬宏之所以能接這麼多案子，獲得國外表演團體的信任是主要資產。

如何評估案子是否可做

回到主辦方這邊，寬宏內部對於每一個國內外大型展演案的主辦決定，是有一個詳細的評估過程，包括下列 5 步驟：

(1) 首先會做簡單的內外部問卷調查，看看國內觀眾的反應及需求如何？

(2) 會了解他們在國外各國演出狀況如何？是否很賣座、很成功？

(3) 會了解國外他們出價多少？是否合理？

(4) 然後，會進行內部售價收入的預估及財務（成本與效益）總評估。

(5) 最後，要加一點老闆及主辦單位主管的多年直覺及經驗，即會做最後決定。

因為國外大案的價格，大約每場在 200 萬～300 萬美元之間，而且要先付清，壓力很大，一定要很審慎評估及思考。

臺灣第一大展演公司

寬宏藝術公司一年主辦 40 場～50 場次的表演，幾乎週週都有展演，非常忙碌，年營收達 13 億元，是臺灣第一大展演公司，也是全球前三十大主辦展演公司。

國內及國外紛找寬宏的原因

為什麼國內及國外展演都會找寬宏公司主辦，主要有四大原因及優勢：

(1) 寬宏已打造出信任感及很有誠意的公司形象。

(2) 寬宏是做廣告行銷曝光及宣傳最多且效果最好的一家公司。

(3) 寬宏是軟體規劃、硬體、行銷、售票一條龍作業的公司，此為成功票房的保證。

(4) 寬宏具有此行業領導品牌形象。

為何要自己成立售票系統

寬宏過去都是委託別人去售票，後來決定自己成立售票系統，其目的

有 3 個：

⑴ 可以增加門票收入的財務周轉自由度；以前是委託別人，門票收入要下下個月才能匯款入帳，現在是今天售票收入，明天即可用，資金流掌握在自己手裡，增加很多彈性及自由度，現金流也充裕很多。

⑵ 透過門票銷售資料系統，可以分析購票族的基本輪廓及偏好分析，未來更可以做大數據分析及精準行銷。

⑶ 可以知道電視廣告播出後的效果如何，可以有具體的廣告成效分析。

如何抓行銷預算

寬宏以前規模小時比較保守，對於行銷廣告預算，只抓總票房收入的2%～3%；但是，國外表演團體希望可以提高到 10%～15%，後來嘗試拉高占比，並且從專門做電視廣告下手，結果效果出乎意料的好，拉高票房不少。主要是因為國外展演團體的門票收費較高，吸引目標客群也是中高收入且年齡偏高一些，因此主攻電視廣告的效果好很多。至於網路廣告的效果，主要是攻年輕族群，但效果普通而已。

顧客回頭率如何

寬宏認為展演觀眾是可以培養出來的，如果他看了一場很精采的國外音樂劇，心中感到很快樂，下次再向他宣傳另一齣國外好戲，他就會再回來觀看。

寬宏認為，只要認真、用心、詳實的做好每一場國內外的展演，只要做出口碑、做出企業品牌好形象，觀眾自然會越來越多。寬宏至今每一場表演幾乎都有九成以上購票率，早已做出國內第一品牌展演經紀公司的好形象。

成功三大策略

寬宏的成功，主要是三大策略成功所致，如下所述。

⑴ 一條龍全包策略

寬宏整合了上、下游產業，包括：①活動規劃；②硬體籌備；③售票系統；④行銷宣傳等，一條龍全包式服務策略，把上、下游事業全串在一起，全部自行處理。

寬宏過去只做承接活動案，而把售票及硬體皆外包處理，經過多年經驗後，現在則全部自己做，好處是可以管控成本，並提高獲利率。另外，售票自己做，也可以提前拿到票款收入，以前要一個月後才能拿到，現在則可以馬上拿到；而且，售票系統現在也已累積上百萬的會員資料。2016 年，寬宏轉投資成立舞臺硬體子公司，稱為臺灣藝能工程公司，凡是小巨蛋大型音樂劇及演唱會的舞臺硬體工程架設，都是自己來做。

⑵ 轉投資多角化、多元化擴張策略

除了轉投資硬體工程外，還有下列多角化策略：

① 2019 年投資國內知名且最受歡迎的舞臺劇表演團體，名稱為「表演工作坊」，取得 43% 股權。以 2019 年作品《寶島一村》，售票率達九成，票房 2,500 萬元，增加了多元收入來源。

② 入股簽下球星林書豪、王建民的展逸公司，把運動元素融入演唱會。

③ 2019 年，以 2,000 萬元持股 25%，首度參與投資國際知名音樂劇 IP，即與英商合作音樂劇《國王與我》，2022 年在臺有 17 場演出。

④ 開始自行策展，不只是接受授權而已，例如：《侏羅紀恐龍公園》即是自行策劃的展覽，毛利率有 40% 以上。

上述各項都是水平擴張及多元化展演內容和策略。

⑶ 過去多年表現，贏得口碑策略

寬宏過去承攬很多知名音樂劇及演唱會，奠定良好基礎，有好口碑。例如：《貓》、《歌劇魅影》、《江蕙演唱會》、《費玉清演唱會》等，都由寬宏一手包辦演出。

寬宏平均每年都有 100 場以上的演出，累計 90 萬以上的觀眾人數。一般來說，音樂劇及演唱會的毛利率約 30%，比展覽會的 20% 還高些。

未來努力方向

寬宏已成功走出自己的路，而未來努力的方向，主要有 3 點：

⑴要持續引進國外更多元化、更知名的音樂劇來臺灣演出。

⑵要持續爭取國內外一流歌手的演唱會。

⑶開始嘗試自製的展演好戲，建立屬於自己的 IP（智產權）。

成功關鍵因素

總結來看，寬宏的成功因素，可歸納為如下 6 點：

⑴眼光精準，能夠引進國外好看的音樂劇，這是它根本的產品力。

⑵已做出好口碑，寬宏的品牌已經相當鞏固。

⑶每一場的行銷廣告宣傳都很成功，能拉升票房收入。

⑷一條龍垂直作業，建立全方位的競爭優勢。

⑸已建立與國外表演團體的堅強友好關係，具備優先主辦權。

⑹自己掌握售票系統，可主宰資金流及顧客資訊流。

寬宏藝術：成功六大因素

(1)
眼光精準，引
進好看的國外
音樂劇

(2)
已做出
好口碑

(3)
每一場行銷
廣告宣傳
都很成功

(4)
一條龍作業之
優勢

(5)
先建立與國外
表演團體互動
良好之關係

(6)
自主售票系統，
可掌握資金流及
資訊流

寬宏藝術：如何評估案子的可行性

(1)
先做簡單問卷
調查，了解反
應及需求

(2)
會了解他們在
海外演出的狀
況如何

(3)
會了解他們出
價多少，是否
合理

(4)
會進行內部售票
收入預估及可行
性財務評估

(5)
最後，靠一點
多年的經驗及
直覺

問·題·研·討

1. 請討論寬宏藝術公司的概況為何？
2. 請討論寬宏公司如何評估國外案子是否能做？
3. 請討論國內外很多表演團體或個人演唱會，為何找寬宏來主辦？
4. 請討論寬宏為何要自己成立售票系統？
5. 請討論寬宏如何抓廣宣預算？
6. 請討論寬宏的顧客回頭率如何？
7. 請討論寬宏的三大成功策略為何？
8. 請討論寬宏未來努力方向為何？
9. 請討論寬宏的成功 6 項因素為何？
10. 總結來說，從此個案中，您學到了什麼？

個案 18   case eighteen

恆隆行
代理國外品牌的領航者

公司簡介及代理品牌

恆隆行最早成立於 1960 年，最初只是代理照相機及周邊產品。

但自 1990 年後，由於整個消費環境的改變，恆隆行開始將代理範圍擴展到居家、家電、廚具等用品。

目前，恆隆行代理國外的知名品牌，計有：dyson（戴森）、Honeywell、Coway、Oral-B、Omron、Oster、Twinbird、Panasonic battery 等。而在產品項目方面，則包括：吸塵器、空氣清淨機、淨水器、電扇、電熨斗、手電筒、電池、咖啡機、果汁機、麵包機、平底鍋、炒鍋、氣泡機等 20 多種品項。由於經營得當及選品佳，近 10 年來，每年都有雙位數的經營成長；2024 年營收額為 95 億元之多，為國內最大代理品牌之大型貿易商；其中，英國 dyson 品牌的業績就占近 60% 之多。

代理英國知名 dyson 品牌，快速拉升公司業績

dyson 原為英國知名的家電品牌，主要以吸塵器及吹風機最知名。10多年前，恆隆行透過英國貿易駐臺代表處的介紹，協助取得該公司在臺灣市場的獨家代理權。隨著臺灣國民所得的提升，以及對家庭吸塵器的實際高度需求，dyson 吸塵器主打女性族群及金字塔頂端客層。後來，恆隆行

在行銷策略主打「吸塵器界的賓士」、「家電中的精品」等口號，在消費者之間產生良好口碑，開始帶動 dyson 的銷售。到現在，每年 dyson 產品系列在臺灣的年銷售量已突破 30 萬臺。這都是恆隆行多年來鍥而不捨的努力，在第一線人員銷售、行銷宣傳上，以及媒體諸多報導上，所獲致的良好成果；如今，dyson 在臺灣已成為高端家電產品的代表品牌，特別是在吸塵器及吹風機上賣得非常好。

空氣清淨機市占率超過五成

恆隆行代理的空氣清淨機就有 3 個國外知名品牌，包括：Honeywell、Coway 及 dyson；由於它們在國外市場都是知名品牌，而且在功能或效果上很顯著；此家電對臺灣不好的空氣具有清淨效果，因此受到國內諸多消費者的青睞及選購，此三品牌銷售的合計市占率，已高達 50% 之多，也是恆隆行所代理的諸多產品中，營收額排第二名的優質產品。

銷售通路據點

根據恆隆行的官網顯示（註 1），恆隆行代理產品的主要銷售通路據點，以設在百貨公司及大型購物中心的專櫃、專區陳列為主。包括：SOGO 百貨、微風百貨、新光三越百貨、遠東百貨、遠東巨城、漢神百貨、統一時代百貨、誠品生活、中友百貨、台茂購物中心、三井 Outlet、秀泰廣場、南紡購物中心、大魯閣等 60 多個知名百貨、購物中心的銷售據點。此外，在虛擬通路網購方面，也上架到 momo 購物、雅虎購物、PChome 購物及蝦皮購物等；另外，也自建官方線上商城，自己在線上銷售 dyson 產品。

做好售後服務

由於恆隆行所代理的產品都以小家電及廚具、鍋具等為主，不免有修理的售後服務需求，因此，恆隆行也非常重視這方面的人力、物力投入。特地在桃園成立每天 12 小時的專屬人員客戶服務；服務時間從每天早上 8 點到晚上 8 點；只要顧客有修理上的需求，恆隆行規定工程師必須在 24

小時內到顧客府上完成修護工作，此項工作成效，亦獲得顧客好評，均一致認為有好產品＋好服務，是恆隆行為好代理商的總體表現。

帶給消費者美好生活

恆隆行的企業經營理念，就是透過獨家總代理的方式，將海外各先進國家的好產品代理引進到臺灣，讓家家戶戶都擁有恆隆行的好產品及好服務，希望消費都能擁有美好的生活風格，進一步提升他們的生活品質及快樂居家生活。

未來恆隆行將進一步代理美妝及廚具品類，以保持恆隆行每年不斷的二位數營收成長率，並進一步邁向國內第一大國外品牌的代理貿易公司。

（註1）：此段資料來源，取材自恆隆行官網，並經大幅改寫而成。

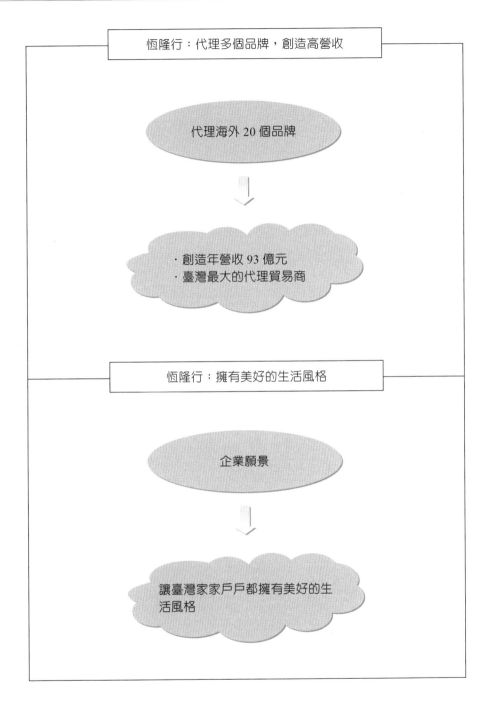

問・題・研・討

1. 請討論恆隆行代理哪些國外知名品牌及品項？
2. 請討論恆隆行代理英國 dyson 吸塵器的銷售狀況如何？銷售通路有哪些？
3. 請討論恆隆行未來代理產品的方向為何？
4. 總結來說，從此個案中，您學到了什麼？

個案 19　case nineteen

旭榮

全臺最大針織布廠的經營成功祕訣

　　旭榮集團是全臺最大針織布廠，年營收超過 200 億元；海外大型客戶包括：ZARA、adidas、UNIQLO 等國際大品牌。

組織扁平化，實施利潤中心

　　旭榮把公司扁平化，變成一個平臺，它依據海外不同客戶，分成 40 個利潤中心小組的上萬人公司，但只有三層組織架構，一是董事長的高階主管，二是中階主管的 40 名小組負責人，三是基層員工。

　　40 個小組組長及各組都可以自己決定訂單交易數量、報價及交貨日期等細節，採行利潤中心制度（即 BU 制度，Business Unit）。將各組業績與薪資做結合，績效好的組長，即使職稱只是經理，但其領的獎金可能比績效不好的副總級組長都還多；此方法可激勵各組組長及組員將士用命，全力衝刺，創造出一年比一年更好的訂單業績及利潤。換句話說，旭榮公司讓在第一線且聽見炮聲的人下決策。公司的董事長、總經理等高階主管不是每天都在發號施令，而是提供一個員工可以發揮潛能的組織平臺及服務而已。亦即公司一定得結合全體員工的智慧，一起打團隊合作戰。

打造一站式垂直供應鏈，滿足客戶所有需求

旭榮公司的成功因素之一，即是它做好紡織業的垂直整合架構能力，從布料研發、織造、染製、成衣、行銷、業務等，一條龍一站式全包，亦即提供了客戶全方位解決方案（Total solution），客戶可以從我這裡得到全部的需求解決。旭榮一年可以提供海外品牌客戶近 4,000 種新開發布料，即使布料較貴一些，但客戶仍會向它購買，因為旭榮布料的研發能力是很強大的，也是旭榮切入市場的有效競爭優勢。

海外客戶 300 多家

旭榮公司 40 個 BU 小組的海外品牌客戶高達 300 家客戶，涵蓋各大、中、小型的下游品牌客戶；每一個單一客戶占公司營收比重不到 10%，因此可以降低經營風險，而且維繫連續 15 年的營收正成長。

旭榮的品牌客戶夠多、夠廣，因此，從這些海外品牌客戶的採購品項及數量，即可推知現在及未來整個全球市場成衣布料的走向及趨勢，準確度很高。

每人工作經驗都輸入公司資料庫內，共同使用

旭榮公司在公司內部也開辦讀書會，透過個案研討方式，讓每個小組在勞動過程中遇到的工作問題及解決方式，都能講出來，並且把數千條每個人的「成功與失敗經驗談」都輸入可共用的公開「知識資料庫」內，大家一鍵搜尋，即可成為平常做海外品牌客戶業務時，最好的參考訊息。

公司的決策管理模式

旭榮公司的決策管理模式，與其他公司不太相同，它不強調完美決策，而是強調決策要快速而且要邊做邊改，以因應快速變化的外部世界環境。

亦即旭榮認為，你要有保持快速修正、往前走的執行力，因為強大的執行力及修正能力，可以補救決策的不完美。旭榮的成長，靠的是組織管理，員工的即時調整及適應能力都很強，能不斷的試錯，並在改進錯誤

中，得到正面的組織成長。

管理的定義

旭榮的管理就是：常識＋人性＋邏輯。旭榮認為，有常識，員工做事情就不會出軌；以人為本，從人性需求為出發點，就知道如何下決策管理；有邏輯對於問題就能有條理的分析及解決；管理有時候就像是三令五申、耳提面命。

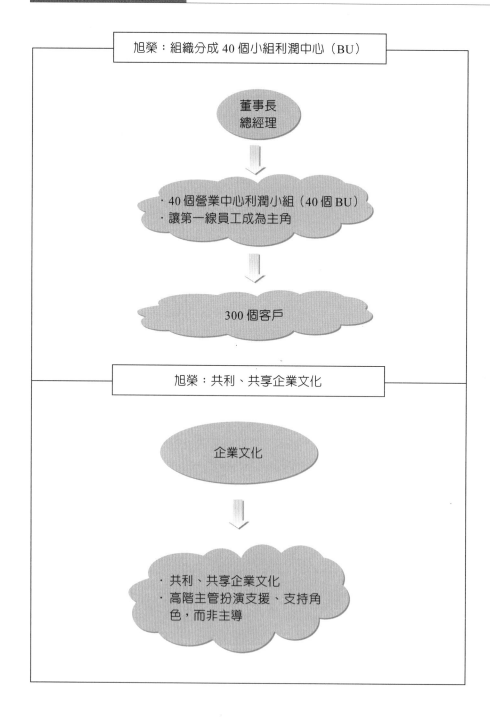

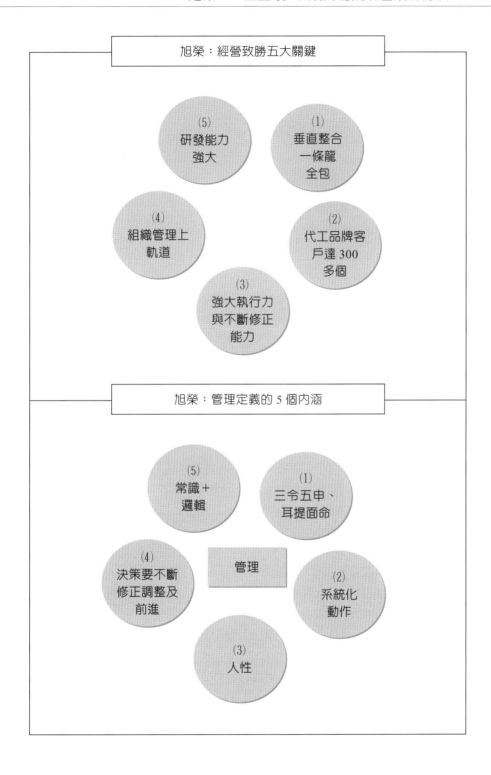

問・題・研・討

1. 請討論旭榮公司的組織扁平化及利潤中心為何？
2. 請討論旭榮的一站式供應鏈為何？
3. 請討論旭榮的海外品牌客戶有多少？其好處為何？
4. 請討論旭榮的共用資料庫為何？
5. 請討論旭榮的決策管理模式為何？
6. 總結來說，從此個案中，您學到了什麼？

個案20　case twenty

詩肯柚木

柚木家具第一品牌

公司概況、分區採購、臺灣組裝

　　詩肯柚木創辦人林福勤先生係新加坡人，主要是做進出口生意，在1980年代時，已是新加坡最大歐洲家具進口商。

　　有一次創辦人到歐洲丹麥去做市場考察，發現北歐丹麥的家具設計很簡單但具美感，因此思考出臺灣詩肯柚木公司的誕生。亦即它產生了下列的經營模式：新加坡設計中心＋東南亞木材原料配件＋北歐設計風格＋臺灣組裝→在臺灣銷售。

　　後來，林創辦人在臺灣桃園買下一萬坪土地，作為家具的組裝及倉儲物流中心；上述營運模式，主要的好處是模式創新，量產方便，而且會有較高的毛利率。

中高價位策略與目標客群

　　詩肯柚木係採取中高價位策略，比起競爭對手 IKEA 品牌的產品要貴上 10%～30%。詩肯柚木創辦人認為訂定價格不能太便宜，太便宜沒人敢買；也不能太貴，太貴很多人買不起；因此，他認為中高價位的家具最好賣。

　　詩肯柚木主要銷售客群是都會區的中高所得、中產階級，甚至有錢人

的家庭都是銷售對象。

直營門市店與高業績獎金制度

　　詩肯柚木全臺已有 70 家直營門市店，門市店人員訂有高額業績比例，由於門市店人員很精簡，不會有太多人分散獎金，因此，在旺季時，門市店業務人員常有領到 40 萬高額獎金者，振奮了第一線的銷售服務人員。

　　此外，詩肯柚木在門市店的裝潢、燈光、地毯及擺設上，都帶給顧客一種舒適感及家居感受，甚至店內還有提供咖啡的現場服務。

產品系列與品質保證

　　詩肯柚木有完整的產品系列，包括：客廳、寢室、餐廳、書房的家具，打造出一個舒適且溫馨的居住環境。

　　另外，詩肯柚木也極為重視家具的品質保證，其官網上表示（註1）：「每件詩肯柚木家具都經過嚴謹的品質檢驗，以確保送上您們家的是最優質的成品；詩肯柚木品質管理稽查員會根據一份全面的項目清單檢查每一件家具，從家具的原料、接合處、配件，直到最後修飾部分，每一個環節都不放過。清單項目中只要有一項不合格就不能過關，這個嚴格的品管小組，確保詩肯柚木精益求精，把最好的產品與服務帶給顧客。」

未來發展與成長策略

　　詩肯柚木林創辦人表示，未來該公司的成長策略，是再繼續開拓經營2 個新品牌，即：⑴ 詩肯居家（SCAN LIVING）及 ⑵ 詩肯睡眠（SCAN komfort）。這 2 個品牌，將會持續深耕床墊及居家這二大項家具，希望透過多品牌的策略，開拓出更深入及更多元的產品系列，及拉升更高的營收及獲利。

關鍵成功因素

詩肯柚木的成功因素，主要可以歸納為下列 5 項：

⑴營運模式的成功且獨特。

⑵強大競爭對手不多；此行業進入門檻較高。

⑶設計與品質均佳。

⑷直營門市店經營成功。

⑸品牌名稱命名成功，品牌名稱（詩肯柚木）具有獨特性及吸引力。

（註 1）此段資料來源，取材自詩肯柚木官網（www.scanteak.com.tw）。

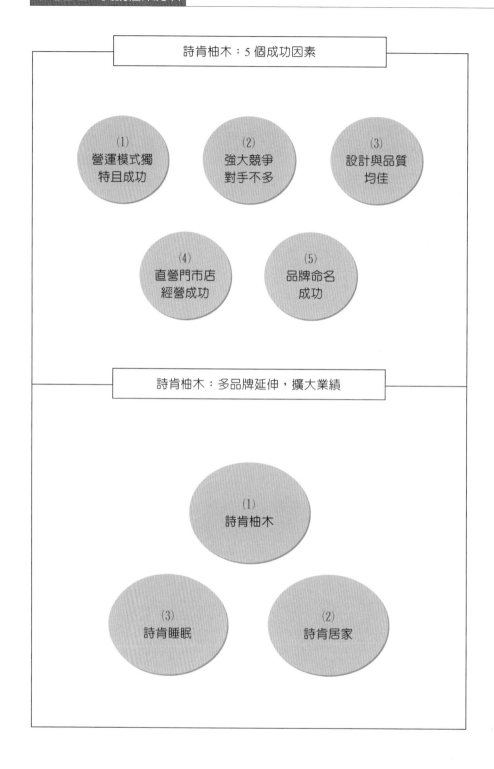

問・題・研・討

1. 請討論詩肯柚木的營運模式為何？
2. 請討論詩肯柚木的定價策略及目標客群為何？
3. 請討論詩肯柚木的品質保證為何？
4. 請討論詩肯柚木的成功因素為何？
5. 總結來說，從此個案中，您學到了什麼？

個案21   case twenty-one

崇越電通

打造競爭者跨不過的高牆門檻之策略

公司概況

崇越電通創立於 1981 年，其前身為「崇越貿易」，主要業務是代理銷售臺灣及日本信越化學所生產的矽利光（silicone）產品。之後，與信越化學合作，將矽利光的應用範圍推展至汽車、紡織、電子通訊及高科技產業等領域，是臺灣最大的矽利光通路商。

2004 年更名為「崇越電通」，並於 2006 年掛牌上市；2024 年營收為 95 億元，創下 10 年新高。其中，汽車、醫療、化妝品及消費電子約占營收 40%，其他主要為非消費性電子產品。

多元化客戶，築起難以跨入的高牆

矽利光主要用在衣食住行育樂上，手機螢幕就是一個例子，一般玻璃手感粗糙，蒸鍍一層矽利光，就會變平滑；化妝品也是，護膚產品摸起來水水滑滑的，就是矽利光。

崇越公司主要是代理日本信越化學的矽利光材料，產品的應用很廣，從日常生活用品到醫療、高科技領域都有。一般同業的做法是提供某一產業、某一產品的矽利光材料，像是只做 LED、紡織、化妝品、太陽能或手機業，但崇越公司是所有產業及所有產品都賣，所以，崇越在臺灣沒有

競爭對手。

別人只做一樣或兩樣，崇越做很多樣。

崇越的多元發展，可以建築一個高門檻讓人跨不進來。有些業者客戶比較單一，失去原本最大客戶就倒了，但崇越還有其他客戶可做。現在，該公司總計有 1.5 萬個客戶，都是有在交易的，是活躍客戶；而且，最大客戶占公司營收比例都不會超過 3%。

如何做業務

業務要做得廣，第一要有足夠的設備，出貨量要夠；第二是不能有不良紀錄；第三是品質要到位。通路商沒有拿到足夠的產品量，在業界就沒有話語權，而且你如果不是此行業第一名，那要怎麼做第一名、第二名的客戶呢？

有些產業或產品，是崇越公司主動去開發的。例如：某美系大廠的手錶錶帶，原本不是用矽利光，公司就派人去做簡報，比較材料的優劣，對方考量成本及供應量之後，就決定換成崇越的材料。

另外，崇越也會列出舊產品淘汰區，就是該公司產業已經進入經營艱困期。

客戶有賺錢，我們通路商才能獲利

做業務必須要有同理心，崇越做通路的原則，就是客戶不賺錢，你就難收錢；賣材料給客戶，首先要讓他賺錢才行，這是最大的優先原則。

人才團隊的組成

崇越的業務都是團隊作戰，並由 3 種人組成。第一種是化學、化工、醫藥、電機、電子等專業人士；第二種是比較有生意頭腦的商學院人士；第三種是精通外文人士，英、日、德、法語人才都有，因為翻譯要到位，才懂對方在講什麼。

經營材料多元模式的優勢

崇越為什麼要經營多元模式材料，優勢主要有 3 點：

(1) 保有隨時跨入新產業的能力。

(2) 避免市場快速更迭的風險。

(3) 提供一站購足材料與設備的服務。

如何留才

崇越公司如何留才呢？崇越的基本理念，就是要平衡股東與員工的利益。

崇越每年發給股東的現金股利都在 4 元以上，大小股東都很滿意。而在員工方面，就是給員工足夠高的年薪，證交所有公告，崇越的年薪一直是業界前十名。

另外，崇越公司現任董事長是從業務升上主任、課長、經理、副總、總經理，最後到董事長。員工看到一家公司願意升一個基層員工到最高主管，就會有留下來打拚的動力。

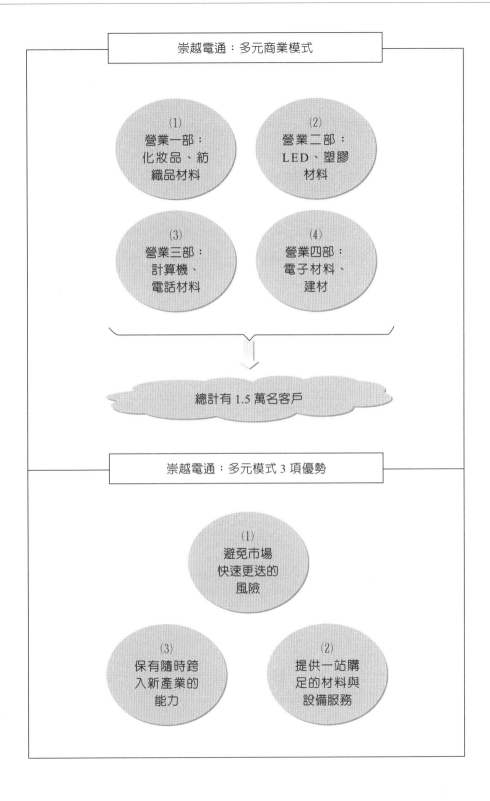

問·題·研·討

1. 請討論崇越電通公司概況為何？
2. 請討論崇越電通公司為何要有多元化客戶？
3. 請討論崇越電通公司如何做業務？
4. 請討論崇越電通公司的人才團隊組成為何？
5. 請討論崇越電通公司多元模式的三大優勢為何？
6. 請討論崇越電通公司如何留才？
7. 總結來說，從此個案中，您學到了什麼？

個案22　　case twenty-two

momo

全臺第一大電商中期5年（2024年～2028年）營運發展策略、布局規劃與願景目標

momo：2022 年營收正式突破 1,000 億元大關，進入千億元零售俱樂部及全臺第四大零售公司

　　富邦 momo 電商（網購）公司在 2022 年度的營收額，正式突破 1,.000 億元，來到 1,038 億元；年獲利也達到 40 億元，EPS（每股盈餘）達 15 元。（註：momo 為富邦媒體科技公司）

　　momo 年營收高達 1,039 億元，已超越新光三越百貨的 930 億元、SOGO 百貨的 520 億元、遠東百貨的 620 億元、以及家樂福的 900 億元；僅次於統一超商的 1,800 億元、全聯超市的 1,700 億元、臺灣 COSTCO（好市多）的 1,200 億元，晉升為臺灣第四大零售業公司，成就非凡。目前為上市公司股份最高的零售公司。

對未來業績成長看法

　　對 momo 公司的未來業績是否繼續成長的看法，momo 總經理谷元宏表示：

⑴美國亞馬遜電商及中國電商市場，他們的滲透率都超過一半以上，相對於臺灣的 30% 左右，臺灣未來仍有成長空間。但由於

momo 年營收已達 1,000 億元，未來成長空間恐不會有 20%～30% 的高成長率，而是落在 5%～15% 的一般性成長率。

⑵至於近年疫情解封之後，在消費者出國旅遊多、聚餐多、實體大型賣場增多、全球升息及全球通膨等因素下，可能多少也會瓜分到臺灣電商市場的產值。

加速擴大 momo 幣生態圈，深耕會員

谷元宏總經理表示，未來幾年將加速擴大 mo 幣生態圈，以深耕會員黏著度。

momo 幣在 2024 年發行量可達 100 億元，momo 聯名卡也有 100 萬卡，未來在第一圈「mo 幣」將擴及台灣大哥大電信、富邦金控關企及凱擘有線電視等會員資源，及享受各關企帳單折抵優惠。

「mo 幣」第二圈則會擴張到供應廠商及合作大品牌廠商等資源。

谷元宏總經理表示，「mo 幣」生態圈目標，就是要模仿日本最成功的「樂天集團點數生態圈」；日本樂天紅利點數，可以適用在樂天的電商、電信、職棒、信用卡、銀行、旅遊等線上＋線下服務，目前，樂天在全球的會員數已超過 14 億人及 30 個國家，形成一個成功的點數經濟生態圈。

持續擴增物流倉儲據點建設，鞏固全臺 24 小時快速宅配能力

目前，momo 公司全臺已達 50 座物流倉儲中心，到 2025 年，將擴增到 61 座之多，包括：20 座主倉、40 座衛星倉及 1 座大型物流中心。屆時將足供年營收到達 1,500 億元的成長空間之用。

強化物流 AI（人工智能）運算能力，提升物流操作效率

谷元宏總經理表示，除了擴增建設全臺 61 座大、中、小型物流倉儲據點之外；更要加強全球正在流行的 AI 機制，亦即要導入 AI 物流運算能力，優化倉儲精準管理、強化運輸管理、提高到貨效率、正確配置商品到倉儲及準確到宅時間等功能的加強。

搶進直播市場，增加直播收入

momo 自 2023 年起，已開始搶進直播市場，利用直播去展演各項產品的特色、功能及好處，應該可以增加一部分對直播有興趣的會員來觀看及下單。直播人員將以 momo 原有的電視購物臺主持人，再加上外部的網紅合作直播帶貨。目前，momo 有 300 萬個品項，很多產品是消費者不了解的，透過直播方式，可以促進消費者的了解，有效增加下單的可能性。

持續「物美價廉」政策，滿足廣大庶民消費者對低價的需求

momo 電商成立 26 年來，最初即以「物美價廉」為基本營運政策，以提供「穩定品質」＋「低價、平價」的商品給廣大上千萬人口的庶民大眾好定位；果然，此基本政策已成為過去 momo 業績能夠快速成長的一個重要原因。未來，momo 仍將堅持此項初心，提供「物美價廉」商品給廣大庶民消費者，以滿足他們的真實需求。

持續擴增品牌數及品項數，讓消費者想買什麼商品都能立刻買到

谷元宏總經理表示，momo 現有品牌數已達到 2.5 萬個，而品項總數更高達 300 萬個以上，未來幾年，仍將持續擴增各種大、中、小型品牌數及其品項數，讓消費者想買什麼商品，都能立刻買得到。例如：一些歐美名牌精品、彩妝保養品，國內書籍，都已陸續上架了，目前只有超市的生鮮產品尚未大幅運作，但這已納入未來目標。

持續促銷檔期活動，有效提升業績成長

momo 非常重視每次重要促銷檔期活動，以真正的折扣優惠，回饋給會員。例如：雙 11 節、雙 12 節、年終慶、母親節、春節、父親節、情人節、中秋節、聖誕節，以及每天限時、限量的低價優惠活動，都能成功拉抬業績。

保持九成高回購率，深耕會員貢獻度

谷元宏透露表示，目前 momo 每年營收額中，有高達九成業績來源，是由現有 1,100 萬名會員所貢獻的。因此，momo 未來仍將持續鞏固、強化既有 1,100 萬名會員對 momo 的高回購率、高信任度、高滿意度及高優良形象度。

持續優化資訊 IT 介面，更提升快速瀏覽、下單、結帳滿意度

momo 另一個受會員肯定的成功要素，就是它在資訊 IT 介面及流程設計上的便利性與快速性，會員們能很快速的瀏覽、下單、結帳，對 IT 資訊介面高度滿意。

拉大與第二名競爭對手差距，遙遙領先

幾年前，臺灣第一名電商公司原是 PChome（網家）公司；但近 5、6 年下來，PChome 的營收額已被 momo 超越，PChome 在 2022 年度營收額為 430 億元，與 momo 的 1,038 億元相較，遠遠落後，PChome 未來要再追上，已是不可能的事了。

不斷提高優良人才團隊與組織能力，保持人才領先

谷元宏總經理表示，momo 成功很大的因素，就是他們擁有一支很好、很強大的人才團隊，及其 20 年來累積在電商產業的強大組織能力，包括：商品開發、資訊 IT、營業、物流、倉儲、行銷、售後服務等多個部門的人才團隊及其組織能力，這是任何競爭對手都很難超越的。

2028 年營收願景目標：達成 1,500 億元營收業績

momo 在 2023 年正式突破 1,080 億元營收大關，進入國內第四大零售業；面對未來 5 年後，到 2028 年營收目標願景，更訂定 1,500 億元挑戰目標，朝國內第三大零售業公司努力邁進。

結語：統一企業集團董座羅智先稱讚全聯及 momo 都是了不起的成功公司

　　國內最大的食品 / 飲料 / 流通集團統一企業董事長羅智先，近來稱讚全聯超市及 momo 電商，都是懂得消費者需求與能夠創新經營的了不起的成功公司，這也是肯定了這兩家公司的卓越經營表現。統一企業集團在 2023 年度的集團合併總營收高達 6,000 億元，是國內在傳統民生產品的第一大製造業公司，也是轉投資統一超商及家樂福量販店成功的優良企業集團。

問 · 題 · 研 · 討

1. 請討論富邦 momo 在 2022 年度創下史上新高的年營收額多少？
2. 請討論谷元宏總經理對 momo 未來業績成長的看法為何？
3. 請討論 momo 幣生態圈發展的內容為何？主要效法日本哪一家企業？
4. 請討論 momo 未來持續擴增物流倉儲的狀況如何？以及為何加強 AI 運用？
5. 請討論 momo 如何及為何搶進直播市場？
6. 請討論 momo「物美價廉」的政策為何？
7. 請討論 momo 現在品牌數及總品項數為何？
8. 請討論 momo 促銷檔期主要有哪些？
9. 請討論目前 momo 現有會員數對每年業績貢獻占比為多少？為何如此高？
10. 請討論 momo 在資訊 IT 介面及流程設計得如何？
11. 請討論臺灣電商第二名是誰？距離第一名 momo 多遠？
12. 請討論 momo 的成功因素之一，就是擁有好的人才團隊，有哪些重要部門？
13. 請討論 momo 在 2027 年營收願景目標為何？
14. 請討論統一企業集團董事長羅智先如何稱讚 momo 及全聯公司？
15. 總結來說，從此個案中，您學到了什麼？

個案23　case twenty-three

順益

臺灣商用車霸主的經營策略

公司簡介

　　順益集團這家從未上市上櫃的神祕家族企業，幾乎年年有超過 300 億元營收的戰績，2024 年甚至突破 340 億元，它保持著每年銷售超過 8,000 輛商用車、市占率越過 36% 的硬實力。

　　順益成立於 1947 年，如今已是有 70 多年歷史的老企業。順益集團員工將近 3,000 人，坐擁全臺 24 家商用車服務工廠，旗下子公司包括：商用車經營、維護、組裝製造、租賃、貸款等。順益多年來只做商用車的上下游垂直整合，不做水平多角化經營。

　　國內商用車的市占率如下：

　　⑴順益集團：36.2%。

　　⑵和泰集團：31.8%。

　　⑶臺北合眾汽車：13.6%。

　　⑷台塑集團：5.3%。

　　⑸永德福汽車：4.2%。

　　⑹其他：6%。

　　順益集團旗下的各子公司，如下圖所示：

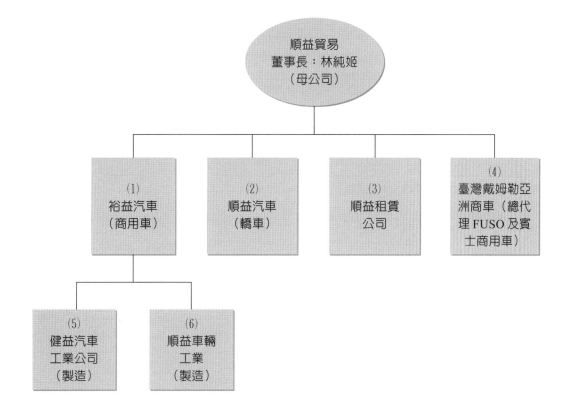

長年以來，順益汽車代理了日本三菱集團的 FUSO 商用車，以及德國賓士公司重型商用車，成爲國內商用車的霸主。

前任董事長林清富的六大經營理念

順益公司前任董事長林清富在 2012 年已把棒子交給女兒林純姬，但早期他爲順益打下成功的根基。當年他的六大經營理念如下：

(1)不斷革新，不墨守成規：俗話說：「山不轉路轉」，但若路不轉，人就要轉。

(2)堅守本業，永續經營：日本三菱高橋社長的「勿忘初心」及「不做惡德商人」，奉行堅守本業，不做他業。

(3)面對未來，如履薄冰：身處汽車業多變的環境，面對未來，不能不戒愼恐懼。

(4)說情無用，賞罰分明：公司經營必須鐵面無私、賞罰分明，員工才會信服。

⑸擴張布點，深化服務：做汽車業，必須擁有最完整的行銷通路及
　售後服務。

⑹大量購地，成為商用車地王：這行最大的投資，就在服務工廠。

女兒接班人的改革做法

2012 年，老董事長的女兒林純姬奉父親命令接棒董事長位子，剛開始前 2 年，她只是多聽多學。

面對和泰汽車代理 HINO 及合眾汽車代理 ISUZU，市場上出現 2 家競爭對手，她感覺到必須展開改革。

⑴林純姬董事長認為，公司歷史太久、人們做得太久，公司還能撐，卻沒有生命力；她覺得無論從制度或人才面，順益已出現老公司的疲態；因此，她決心把公司轉成能夠成長及學習型的組織，並且重新塑造公司文化及制度，某些事情必須改變，順益才能永續經營。

⑵改革的起點就是教育訓練，讓人員不斷升級。另外，她也建立嚴格的人事升等規則，此舉是讓員工的思考改變。

⑶培養人才。林純姬董事長挑選 30 歲～45 歲人員擔任課長、主任級幹部，成立 8 班 40 人，再安排 5 個專案，請各事業體 5 位副總挑人，並且帶著他們執行，藉以培養公司後起之秀，並且確實做好改革專案，提升公司好的管理模式。

⑷重金改造全臺售後服務工廠的硬體設施與軟體服務，贏得員工及客戶口碑。

順益汽車：願景、使命、經營理念

⑴企業願景

順益汽車的願景：「成為汽車服務業中最值得信賴的領導品牌」。

⑵企業使命

順益汽車從不間斷地提升服務品質、追求全方位顧客滿意、具體實踐「給顧客最好的商品及服務」之信念，未來除持續深耕本業，亦期望在全

球化的時代中，以具備國際觀的經營理念，維持企業更上層樓的競爭力。

⑶ **經營理念**

　　順益汽車之經營理念概述如下：

① 銷售以人作爲設計概念出發的三菱品牌車款：順益汽車經銷之三菱品牌車款，皆以溫馨家庭、年輕活力爲主要訴求，希望能成爲車主一個安全、舒適的移動堡壘。

② 追求客戶滿意度提升：在嚴格的自我要求下，順益汽車用最專業、熱忱、親切的態度，提供全年無休的服務，以追求客戶滿意度提升爲最高目標。

③ 提供全方位服務品質：以遍布全省，結合銷售、維修、零件的服務網，及全省電腦化連線的零件物流系統，來確保正廠零件的正常供應，提供三菱車主全方位的服務品質。

④ 成爲車主最信賴的夥伴：透過全方位服務系統，希望能讓所有車主感受到順心滿意的服務，並成爲所有三菱車主最親密、最信賴的夥伴。

⑤ 提升國際性競爭力：以全球化的思維，思考深耕本土、布局全球之策略，期許能提升順益汽車之國際競爭力。

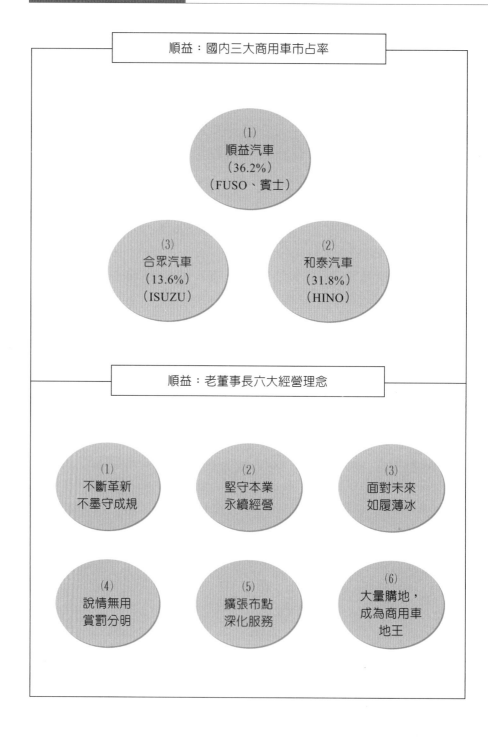

問・題・研・討

1. 請討論順益汽車的簡介？
2. 請討論順益汽車前董事長的六大經營理念為何？
3. 請討論順益汽車在女兒接班後的改革做法有哪些？
4. 請討論順益汽車的企業願景及企業使命為何？
5. 總結來說，從此個案中，您學到了什麼？

個案24   case twenty-four

麥味登
早餐連鎖的經營策略

公司概況

揚秦公司於 2019 年 7 月登錄興櫃，旗下有「麥味登」、「炸雞大師」及「Real 眞」三大連鎖餐飲品牌。

揚秦 2024 年營收爲 15 億元，稅前淨利 9,000 萬元。揚秦從 2015 年起，旗下各品牌開始國際化布局，目前在臺灣、中國、印尼、菲律賓、新加坡均有加盟店、直營店及品牌區域代理。

揚秦旗下的「麥味登」品牌，國內以加盟店爲主，直營門市店爲輔；加盟店家數達 775 家，自營店爲 20 家，加盟營收占比達八成。未來麥味登將持續拓展臺灣市場，以提升市占率。

升級 3 招

近幾年來，麥味登採行如下 3 招升級。

(1) 營業時間延長

由於租金固定，麥味登嘗試拉長營業時間，看看能否創造更多營收。結果發現延長營業時間，菜色也必須跟著調整。爲了下午茶需求，於是導入提供咖啡；另外，消費者對正餐有麵、飯的需求，也開發出燉飯及義大利麵等餐點。符合需求的新餐點，成功將營業時間從早上 6 點至 11 點，延長到下午 2 點，有些

店甚至做到晚餐。

⑵ 企業識別 CI 升級

再者，因應菜色調整，麥味登也做了企業識別（Corporate Identification, CI）升級，將品牌定調為咖啡及 brunch，把過去有紅有綠的視覺，統一成目前大家認識的墨綠色。

⑶ 體質的升級

麥味登以連鎖加盟的模式經營，「連就是要做複數店規模化；鎖就是鎖品牌的 know-how」，目前 778 家門市中，加盟事業占營收比為 78%，「加盟主是我們的衣食父母，他們好，我們才會好」。

麥味登經營團隊具有 4 項完整的經營 know-how

⑴麥味登擁有完善的後勤團隊支援能力，包括商品及原物料的供應能力。

⑵麥味登具有促銷、活動、廣告等行銷執行能力的專業團隊，不斷打造出品牌力。

⑶麥味登具有新商品研發的專業團隊，讓市場不斷創新注入新活力。

⑷麥味登的專業營運團隊具有經營輔導能力，不斷提升門市經營水準。

摸索商圈型態與新店型

麥味登以「住宅型商圈」為主要經營區域，其他包含學區、純商業區、住商、住辦混合等不同型態的商圈，每間店的營業時間、店型、菜單都有些許不同，這樣的差異來自於消費者的反饋。麥味登最大的優勢，就是彈性，可以針對每個商圈特性，搭配最適合的菜單、行銷活動及經營時段。

現在便利商店及速食店都開始做早餐，如果沒有比他們有優勢，很難生存；因此，麥味登品牌一定要有競爭力，這樣就不會有飽和問題。除了不斷投入資訊系統、精進菜單外，麥味登也開始嘗試新店型。

麥味登近來慢慢往市中心及商圈密集的地方前進，轉戰主流市場，開

始有 to-go 新店型，設有冷、熱櫃，顧客可以快速拿餐點到櫃檯刷條碼結帳。

　　很多人加盟麥味登的原因，就是認爲它已有 30 年歷史，不僅熬過食安風波，也不是單純的傳統早餐店，它一直在進步，每年都有出新菜色，店面也會有所調整。

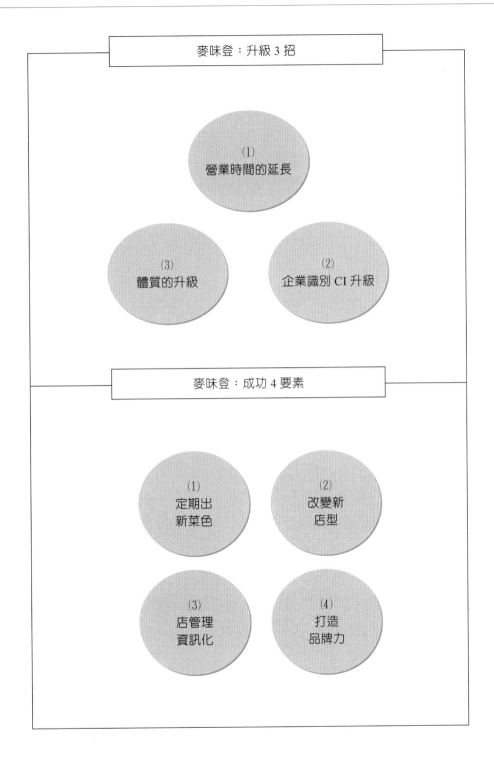

問·題·研·討

1. 請討論揚秦公司的概況？
2. 請討論麥味登的升級 3 招？
3. 請討論麥味登的成功 4 要素為何？
4. 請討論麥味登具有哪 4 項完整的經營 know-how？
5. 總結來說，從此個案中，您學到了什麼？

個案25　case twenty-five

元大金控

成功併購學

併大眾銀行不到一年，展現綜效

2018 年，元大銀與大眾銀正式合併，元大金以總價 565 億元，採現金加換股方式，將大眾銀行轉換為 100% 持股子公司；合併後，擴充據點為 148 家，資產規模達 1.3 兆元，排名臺灣民營銀行第七大。

2024 年，元大金控 EPS（每股盈餘）擠入第五名，成為第五大金控。而年營收額也從 2015 年的 698 億元成長到 2024 年的 1,100 億元，每年稅後盈餘也從 5 年前近 120 億元，成長到超過 200 億元。

元大併大眾銀行不到 2 年就展現綜效，獲利還年年成長，成功讓以證券投資服務為主的元大，成為以證券交易與金融雙營運為主軸的金控公司。

元大金控就是一個大熔爐，經過歷年十幾次併購，不斷適應，直到今天的規模。

企業併購的目的，不外乎是擴大市占率、經營多角化、實現經濟規模等，而元大的併購過程就是變大，而且變好。

合併大眾銀行三大優點

元大銀併購大眾銀後，更能發揮 1 + 1 > 2 的綜效。

合併大眾銀有三大優點：

⑴首先是「通路互補」。元大銀據點多以中、北部為主，而大眾銀從高雄起家，南部通路與客戶多，且已有香港分行，可以拓展市場。

⑵其次是「業務互補」。大眾銀的業務項目中，消金業務比企業業務強，而元大銀則著重企金，有互補效果。

⑶第三是「規模效益」。合併後，銀行資產規模達到 1.3 兆元，能見度變高，才有辦法擴充業務，得到外商青睞，譬如推展 OBU（國際金融業務分行）。

擴張海外市場

海外獲利也是元大重要引擎，元大金控目前在 7 個國家共有 10 家子公司或分行。

2014 年，元大證券收購韓國排名第六大的東洋證券，2016 年再併購韓國韓新儲蓄銀行。另外，元大也積極在泰國擴張。

元大金控這些年在海內外的併購都是合意併購，很少敵意併購，主要是要創造雙贏局面。

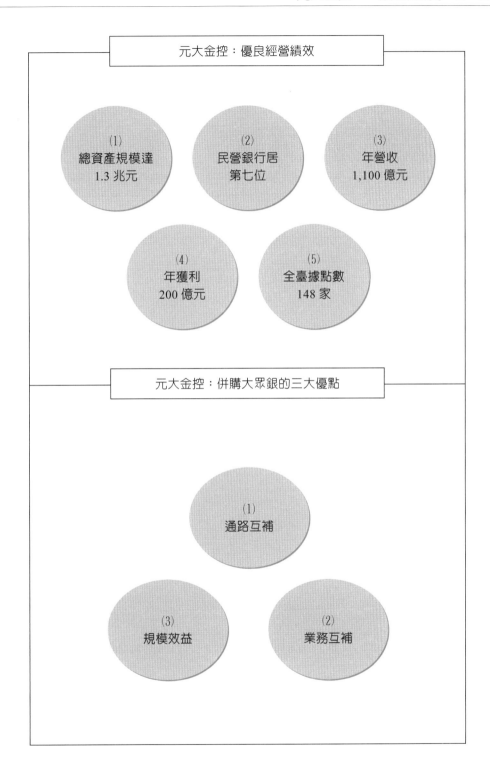

問・題・研・討

1. 請討論元大金控併購大眾銀行後的綜效如何？
2. 請討論元大金控併購大眾銀行的三大優點為何？
3. 總結來說，從此個案中，您學到了什麼？

個案26　case twenty-six

王品

第一大餐飲集團的經營成功之道

公司簡介

　　王品成立已 30 多年了，它目前在臺灣有 310 家直營店及 27 個品牌餐廳，另在中國有 106 家直營店及 10 個品牌餐廳。王品在臺灣市場已累計服務過 2,300 萬人次的用餐客人。

　　王品集團 2024 年合併營收額達 200 億元，獲利額為 10 億元，獲利率 5%，股價達 270 元；是國內店數營收額及股價第一高的餐飲集團。王品集團員工人數高達 1.5 萬人。

多品牌策略成功

　　王品餐飲集團過去最成功的經營策略，就是採取眾所周知的「多品牌策略」，才會有今天的連鎖化規模。

　　王品採取多品牌策略，到目前為止，全臺計有 27 個品牌，分別有如下 6 類：

(1) 鍋物類

　　石二鍋、聚、青花驕、和牛涮、饗辣、尬鍋等 6 個小火鍋品牌。

⑵ **燒肉類**

肉次方、最肉、原燒等 3 個燒肉品牌。

⑶ **歐美類**

王品牛排、西堤等品牌。

⑷ **日韓類**

藝奇、陶板屋、品田牧場等 3 個品牌。

⑸ **中臺類**

莆田、享鴨、來滋烤鴨等品牌。

⑹ **鐵板燒類**

hot 7、夏慕尼、就饗、阪前等 4 個品牌。

臺灣餐飲業未來成長仍看好之原因

臺灣在 2024 年時，全臺餐飲業產值規模已高達 9,000 億元之多，成為內需型重要的行業之一。

對未來全臺餐飲仍看好原因如下：

⑴自疫情之後，2022 年～2023 年餐飲業有了大幅成長業績，大家都很看好，各餐廳幾乎都常常客滿。

⑵全臺餐飲產值突破 8,000 億元，每年都有 10% 以上的成長率。

⑶消費者的外食需求越來越高，同事、朋友、家人等聚餐需求有顯著成長。

⑷百貨公司、購物中心、大賣場等也大幅擴展餐廳與美食街的空間，因為「餐飲業績」已成為百貨公司第一名的業種了。

⑸各餐飲業者也很努力及創新的提供多元化、多樣化的各種國內、外口味，越來越進步，顧客的滿意度也很高。

⑹享受各類美食，也是人性的很大需求及期待，因此，餐飲生意必會越來越大。

王品集團未來的成長的九大策略

王品集團未來仍將追求持續的成長策略，主要有以下幾點：

⑴ 持續創新及開拓更多品牌的經營

預計每年都會新增 1 個～2 個餐飲新品牌。2018 年～2022 年 4 年間，王品就開拓了 11 個新的餐飲品牌。

⑵ 持續展店

目前，臺灣地區計有 310 店，預計到 2030 年，將努力達到 400 店之多，更加形成連鎖規模化之優勢。

⑶ 優化既有品牌

針對現有臺灣 25 個品牌店，將關掉業績不好的店，而找到更好的店點，並增加平均單店的業績額。

⑷ 同類品牌店，延伸到高、中、低價位策略

對於已成功的品牌店，將採高、中、低價位的分眾市場經營，以擴大更高的營收及滿足不同客群的需求。

⑸ 用心經營會員

目前，王品會員已突破 250 萬人，未來將好好深耕及鞏固這 250 萬名主顧客群，提高他們的回店率，創造好業績。

⑹ 朝向零售商品發展

除餐廳經營外，也朝向零售商品上架到各種賣場去銷售的模式，開展新的經營模式。

⑺ 顧好食安要求

餐飲經營最重要及最基本的就是要顧好食安，食品安全、餐飲安全問題，絕對不能出差錯。

⑻ 善盡企業社會責任

王品是上市櫃公司，亦必須符合政府對 CSR 及 ESG 的要求做法，以對社會責任、環保目標、公司治理、弱勢救助、員工福利、小股東利益

等，全方位做好照顧。

(9) 長期策略，走向海外市場

未來的 5 年～10 年，除中國市場外，也將評估走向美國、東南亞、日本等海外市場拓展，以尋求臺灣市場終有飽和一天的到來之應對之策。

2018 年～2023 年主力品牌業務種類

王品集團在 2018 年～2023 年，這 5 年間，全力拓展 3 種廣受市場歡迎的新品牌餐飲：

(1)火鍋品牌。

(2)燒肉品牌。

(3)鐵板燒品牌。

這 3 種餐飲類別，深受年輕人高度喜愛，市場看好，業績也快速成長；王品也極力在這 3 種餐飲門市店加速展店，占有市場，擴大王品在臺灣的第一大餐飲版圖事業。

以顧客滿意、滿足為根本核心理念

王品集團的根本核心理念，就是堅持顧客導向，以「顧客滿意」＋「顧客滿足」為該公司的最根本核心理念。

該公司認為，企業經營的根基就在於「顧客」兩個字，在餐飲事業上，必須讓他們所提供的各類型餐點、各口味、各種價格都能滿足顧客的需求與喜愛，並得到高度滿意感及滿足感，這樣才是成功的王品。

發展零售商品

除了各式餐飲門市店外，王品近幾年來也積極發展出冷凍食品及常溫食品，目前已有 30 多種零售商品，擺放到量販店、超商、電商平臺通路上銷售，作為未來第二條成長曲線。

推出「王品瘋美食 APP」

王品在多年前，已成功推出「王品瘋美食 APP」，即在手機 APP 上，可以線上訂位、線上付款、線上累積點數，以及享有各種優惠等，目前下載人數已經超過 250 萬人之多；此 APP 也顯示王品走向數位轉型。

每年編製「王品集團永續報告書」

王品已是餐飲類的最大上市公司，每年都會依照法規，編製《王品集團永續報告書》。此報告書，都會歸納王品每年在經濟、環境、社會、食安、消費者溝通等五大面向的努力作為，並尋求達成下列五大目標：

(1)優良公司治理。
(2)建立友善環境。
(3)確保 100% 食品安全。
(4)打造員工幸福職路。
(5)落實社會責任。

經營理念

王品堅持三大經營理念，包括：

⑴ **視顧客為恩人**

以熱忱的心，款待所有顧客，王品因顧客而生存。

⑵ **視同仁是家人**

以關懷的心，了解同仁；因為有快樂的同仁，才會有滿意的顧客。

⑶ **視供應商為貴人**

以尊重的心，面對供應廠商，創造互榮互利的雙贏局面。

多品牌策略操作秉持 3 原則

王品餐飲集團陳正輝董事長表示，王品多品牌策略操作秉持之原則如下：

⑴ 對既有品牌店

要努力延緩老化，保持好業績。

⑵ 對新出來品牌店

要努力持續優化，讓他們創造好業績。

⑶ 對未來潛在品牌店

要努力加速開發出來，讓王品永遠保持年輕化品牌的存在。

快收店，絕不手軟

陳正輝董事長表示，8 年來，王品在他手上，已收掉、砍掉 5 個品牌及 100 多家店，他認為，只要是做不好的、不賺錢的、無法再改善的、沒有未來性的店，都要快速的收掉，不要讓虧損擴大，也不要有面子問題。當然，只要是有希望的店，就可以加速調整，以拯救改善。

快稽核，每個品牌獲利率要達到 10% 以上 KPI 指標

陳正輝董事長管理 27 個餐飲品牌及臺灣 310 家店的根本 KPI 指標，就是每個品牌每月各店合計的獲利率要達到 10% 以上的門檻才行。

王品的會計單位，都有專人專責對 310 店做每月損益表分析，其中一個指標，就要每月每個品牌獲利率在 10% 以上；如果連續 6 個月未達此指標，那就要進行稽核、檢計及改善，在王品公司內部稱為：

⑴ 新品牌

進行 NBR（New Brand Regeneration），即「新品牌檢視」，針對新品牌的問題點做調查、再選、再改革、再創新。

⑵ 老品牌

進行 ORB（Old Brand Regeneration），即「老品牌檢視」，針對老品牌問題點做調查、改革、創新，期使獲利率回到 10% 以上。

廢掉獅王制度，改由公司內部組織分工團隊推出每個新餐飲品牌

陳正輝董事長自 8 年前接任董事長後，即廢掉過去由獅王一人獨自開發新餐飲品牌的制度，因此制度憑個人直覺，易出問題；而改為公司組織團隊來負責，新做法的決策程序是：

⑴ **市場部**

負責前期市調，重視市調及數據，並找出餐飲市場的趨勢、機會及缺口，並設計好新品牌店的商模（商業模式）。

⑵ **九人經決會**

然後交到公司最高決策層級的「九人經營決策會議」，加以討論及審核、決定。

⑶ **派交營運主管**

最後由公司營運部在開店完成後，派交營運主管負責此新品牌的一切營運工作。

陳正輝董事長稱此為「組織團隊創業」，而非「獅王一人創業」。

快分紅獎金

王品集團在 2020 年推出以店為單位的分潤機制。

即每店可由店長、主廚，及總部的人資、財務、資訊、市場、企劃等部門主管共同出資，每季可從分店利潤結算中，提撥出一定比例，作為分紅獎金。

至於未出資的一般門市店第一線店員，則發給每月業績獎金。

成立萬鮮子公司，形成中央廚房供應鏈

王品集團把過去「前店後廠」的模式做了改變，將原來的採購部、食安部、裁切工廠，轉型為中央廚房工廠，成為從採購加工、檢驗到銷售一條龍服務的子公司「萬鮮」。

此做法有以下效益：

⑴降低人力成本。

⑵集中品管。

⑶提升生產效能。

⑷發揮供應鏈綜效。

⑸打造競爭門檻。

注意「敏捷度」

陳正輝董事長高度重視總部的「敏捷度」，亦即面對外部大環境變化及餐飲市場的變化，要加快、加速應變能力與調節速度，才能面對一切挑戰，保持營收及獲利的持續成長目標。

領導風格 4 個字：新、速、實、簡

陳正輝董事長的領導風格 4 字訣：

⑴新：要創新、革新、新鮮、新穎。

⑵速：要快速、要敏捷、要彈性、要機動。

⑶實：要實事求是。

⑷簡：要簡單、要簡化、不要複雜。

問・題・研・討

1. 請討論王品公司簡介內容為何？
2. 請討論王品成功的多品牌策略內容為何？
3. 請討論臺灣餐飲業未來成長看好的原因為何？
4. 請討論王品未來的九大成長策略為何？
5. 請討論王品在 2018 年～2023 年業務成長的主力種類為何？
6. 請討論王品以顧客滿意、滿足為根本核心之理念為何？
7. 請討論王品發展零售商品的狀況如何？
8. 請討論王品推出「瘋美食 APP」的狀況如何？
9. 請討論王品每年編製「永續報告書」的狀況如何？
10. 請討論王品的三大經營理念為何？
11. 請討論王品的多品牌策略操作 3 原則為何？
12. 請討論王品的快速收店絕不手軟之含義？
13. 請討論王品的快稽核獲利率 10% 以上之含義？
14. 請討論王品推出新餐飲品牌的組織流程及分工為何？
15. 請討論王品的快分紅獎金之含義？
16. 請討論王品成立萬鮮中央廚房工廠的效益為何？
17. 請討論王品董事長的領導風格 4 字訣為何？敏捷度含義為何？
18. 總結來說，從此個案中，您學到了什麼？

個案27　case twenty-seven

臺鐵便當

一年賣 7.5 億元小金雞的行銷策略

臺鐵便當：年賣 7.5 億元

臺鐵公司過去每年虧損百億元，但近 10 年靠著資產活化及賣便當來賺錢，減少虧損。

其中光是臺鐵便當，10 年營收就成長 2 倍，2024 年營收達 7.5 億元，成為臺鐵副業中，僅次於資產活化的第二大營收火車頭。

臺鐵在全臺共有 6 家餐務室，計有 28 款特色便當，包括：排骨便當、雞腿便當、鯖魚便當、爌肉便當、照燒雞丁便當、素食便當、燒肉便當等。

全家與臺鐵推出聯名便當

2020 年 5 月，全家便利商店宣布與臺鐵合作，開發聯名鮮食便當。

這一次聯名合作，全家負責食材研發、鮮食生產、定價、行銷及通路銷售，臺鐵則參與口味的規劃及調校。

透過這次合作，不但顛覆以往只能在火車上或車站內才能買得到臺鐵便當的既定印象，也拓展臺鐵便當的食品種類、市場區隔及增加銷售通路，並讓臺鐵便當這個品牌更能長期發展，且對臺鐵便當營運模式轉型具有代表性意義。

這次合作以經典「滷排骨」為主題開發，推出 8 款聯名鮮食，並且橫跨早餐、主餐、輕食 3 種餐別，且將臺鐵滷排骨首度開發成冷凍食品，在家簡單加熱即可享用。

全家估計此次聯名合作，將可增加一至二成鮮食便當銷售量。

賣便當，考績加分

臺鐵公司立下新規定，第一線做便當、賣便當的全臺各餐務室員工，每多賣一個便當，就多算業績獎金，甚至年度績效考評中，加分項目包括開發創意特色便當，分數越高，越有機會考績拿優等，連帶影響獎金收入多寡。

這幾年，臺鐵也在人流大的站點增設便當販售櫃位，並新增外送及網購服務，甚至主動要求跟臺灣燈會合作，在觸角伸不到的站點，販賣期間限定便當。

結語

臺鐵未來仍將開放授權，爭取新通路、新消費者，以突破營收成長的天花板；更重要的是，藉由火車便當與在地食材、鐵道旅遊的連結，把餅做大，讓便當成為臺鐵文化的印記。

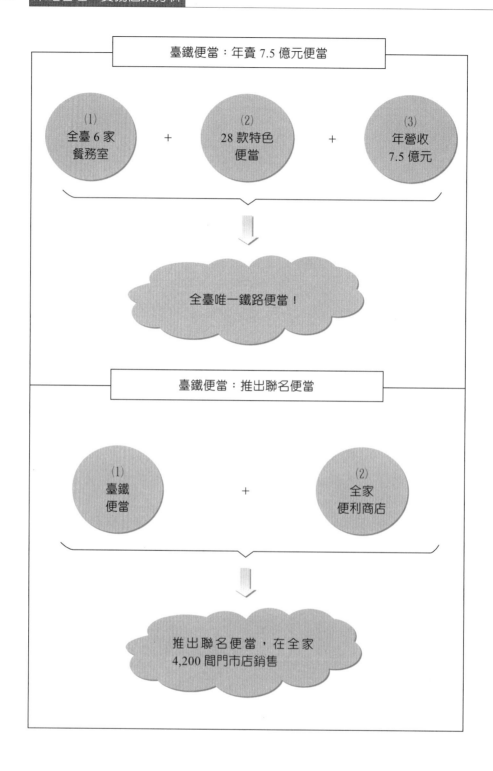

問・題・研・討

1. 請討論臺鐵便當每年有多少營收額？有哪些便當？
2. 請討論臺鐵便當與全家推出聯名便當的概況為何？對全家有何好處？對臺鐵有何好處？
3. .請討論臺鐵如何激勵員工多賣便當？
4. 總結來說，從此個案中，您學到了什麼？

個案28　case twenty-eight

華泰名品城

如何成為 Outlet 店王

華泰背景

　　華泰大飯店集團竭力提供高品質的住宿與多樣化的餐飲服務；隨著近年來積極擴張，華泰集團的事業版圖已經橫跨旅館、大飯店、餐飲、Outlet 等，創造出多角化的經營綜效。

　　今日事業包括：華泰王子大飯店、華漾大飯店、華泰墾丁賓館、華泰名品城 Outlet 等。

什麼是 Outlet

　　Outlet 這個名詞最早源自於 1970 年代的美國，起初由工廠自行在倉庫銷售剩餘的庫存商品，後來漸漸發展成各種品牌販售未售完、零碼、過季商品；之後更進一步結合餐飲、電影院、娛樂為超大型賣場，形成受歡迎的休閒購物中心。近年來，Outlet 已成為能夠享受各種實質優惠的價格折扣、美好的時尚體驗，兼可用餐的好地方。

業績最高

　　位在桃園青埔的華泰名品城，自 2015 年底開幕以來，平均年營收成長率都超過一成，2024 年營收更創下 120 億元歷史新高；相較於同業日

商三井 Outlet 林口店的 70 億元，華泰名品城已成為「臺灣 Outlet 店王」。

100% 純正 Outlet

華泰名品城董事長陳炯福表示：「臺灣零售市場一年 4 兆多元商機，居然沒有一個 100% 的純正 Outlet，那就是我的終極願景目標。」

所謂 100% 純正的意思，就是指扣除餐飲、便利商店、電影院等服務性質商店之外，賣場內所有品牌的商品，都要有低於百貨公司專櫃市價的顯著折扣，真正帶給消費者品牌商品物超所值感才行。

如何做到？嚴格查價、督導，違者開罰

華泰名品城究竟是如何做到的？最重要的是「嚴格查價」。

為達到「100% 純正 Outlet」的目標，華泰不僅在雙方合約上清楚註明折扣幅度，以及若未照此折扣的罰則為何；即嚴訂規則，大家均按規則來做。

此外，還成立一個「查價小組」，每個品牌依序檢查、翻標，確認是否都有雙標籤（即同時列出原價格及折扣價格）；還派人到臺北百貨公司查價，確保價格最低。一旦發現此處商品售價與百貨公司正櫃相同，立即下架並罰款，作風相當強硬。

此外，也設立一套標準的消防、衛生與櫃位施工規範，例如：後場動線未淨空者，一天罰 1,000 元。

華泰名品城如此嚴格訂定規則並執行，使得各品牌商也不敢違規，服務及素質就會往上提升，價格也顯示出比百貨公司優惠便宜；來逛的消費者久了就會有口碑，華泰名品城的生意也就慢慢成長起來。

另華泰對任何一個品牌進來，都必須對品牌的櫃姐及品牌總公司的負責經理進行教育訓練，以使他們了解華泰的規則、企業文化以及怎麼賣東西，品牌商也都獲益良多，提高配合度。

此外，華泰名品城對品牌商只收 3 種費用，即：⑴ 租金；⑵ 管理費；⑶ 固定行銷費，其他就沒有了，這比臺北百貨公司所收的費用項目更少、更合理。

由於高度透明的遊戲規則及貫徹執行力，再加上近年來華泰名品城的

業績確實不斷攀升，使得越來越多知名精品開始願意進駐；目前華泰「全臺獨家品牌」的比率超過 10%，遠勝同業。

　　近來，華泰名品城附近又有新光影城、IKEA 及來自日本橫濱八景島的水族館相繼開幕，這將使得華泰 Outlet 的生意往上再提升。

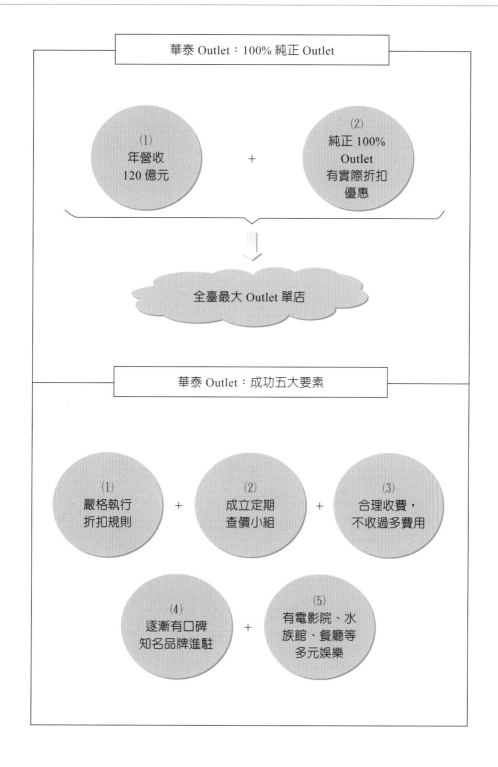

問・題・研・討

1. 請討論華泰的背景為何？
2. 請討論何謂 Outlet？
3. 請討論華泰 100% 純正 Outlet 是指什麼？
4. 請討論華泰如何做到 100% 純正 Outlet？
5. 請討論華泰 Outlet 五大成功要素為何？
6. 總結來說，從此個案中，您學到了什麼？

個案29　case twenty-nine

Garmin

從導航產品到智慧穿戴的經營策略布局

要做就要做全球第一

2008 年時，Garmin 的車用導航產品，占公司營收額七成以上，但到 2019 年時卻降爲二成；反之，2008 年時，僅占一成的戶外、健身穿戴式產品，則提高到占營收五成，彌補了車用導航產品的大幅衰退。

2024 年，Garmin 年營收達 33 億美元，股價漲到 80 美元，總市值達到 127 億美元，創近 10 年新高，平均毛利率亦高達 60%。

Garmin 公司董事長高民環表示：「一定要做到全球第一，否則沒有生存空間。」

受到蘋果及谷歌衝擊

回到 2007 年，當時 Garmin 早就是航空、航海及車用導航器市場的第一名。但在 2008 年，蘋果（Apple）推出第一代 iPhone 搭配 Google Map 導航軟體，形成強烈替代競爭壓力，致使 Garmin 當時股份大幅下滑。到 2012 年，谷歌又發布免費地圖及導航 APP，使 Garmin 車用導航市場再度受到衝擊而大幅萎縮，營收額巨降。

晴天要保持下雨天的準備

　　當時，能解救 Garmin 公司免於消滅的是穿戴式裝置。早在 2003 年時，就已推出此產品，但當時晶片太大、產品笨重、製造昂貴，因此，市場需求不大；但之後幾年 Garmin 不斷調整、修改、測試，一直有危機意識，希望研發出能夠取代車用導航市場萎縮的替代性產品；終於在研發團隊不斷努力下，從 2012 年到 2019 年，穿戴式裝置產品總算改革出新的市場生命，此部分的營收額也不斷成長。

穿戴式裝置終於活起來

　　Garmin 開發任何新產品，一定要問 3 個問題：
　　⑴為何要有這個產品？
　　⑵為何 Garmin 可以做這樣的產品？
　　⑶消費者為何非買我們不可？
　　和其他產品相比，Garmin 有許多裝置可防水，而且擁有更久的電池續航力。2019 年，Garmin 已是運動穿戴產品的龍頭品牌，市占率很高，而且占 Garmin 年營收五成之多，達 17 億美元，以前僅占一成而已。
　　Garmin 堅持在第一名時，仍然持續布局新技術，堅持產品多元化、多角化，並持續存有危機意識。

五大事業版圖發展

　　Garmin 目前在航海、航空、汽車、戶外、健身等 5 個市場領域，都有橫向擴展產品線，不斷追求多角化以分散風險，並且追求技術創新，以保持事業版圖的不斷成長、擴張，希望未來還有第六、第七事業版圖的出現。

持續投資未來

　　Garmin 從以前開始，每年都有 4、5 個新產品，目前每年則有近 100 個新產品計畫，而且研發費用占全年營收比例不斷節節上升，目前已達 17% 之高，是臺灣企業平均 3% 的 5 倍之多；但這也是 Garmin 為何能夠

持續維持競爭優勢的關鍵所在。也就是 Garmin 能夠放遠眼光，前瞻高處，不斷投資未來，才更有未來可言。

社群行銷術

在行銷策略方面，同業的競爭國際大品牌，大都透過大砸廣告預算，以打造品牌知名度；但 Garmin 的行銷策略則是深耕消費社群，爭取更多忠誠粉絲群。例如：為了耕耘馬拉松市場，Garmin 設立了 Runner Club（路跑者俱樂部），與跑者建立關係，透過社群的體驗口碑，建立品牌的影響力。另在高爾夫、潛水、三鐵等特定市場上，亦採取深耕社群黏著度策略。

擴大經營亞洲市場

Garmin 對亞洲市場潛力看好，已開始在中國及東南亞市場布局，預計會有另一波成長可期。

結語

Garmin 高董事長認為，企業的成功是由很多小事情累加起來的。尤其重要的是，一定要在晴天不忘布局雨天，投資研發及未來技術，建立公司不斷擁有的嶄新競爭力，這是許多臺灣企業可以看齊學習的好對象。

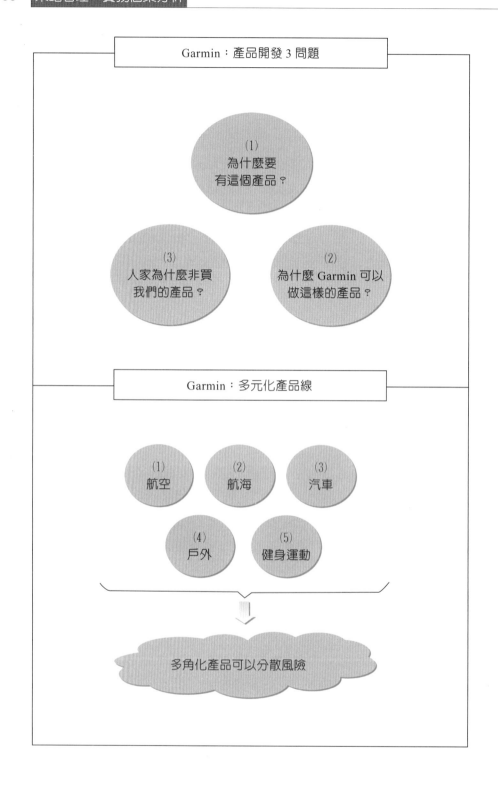

問·題·研·討

1. 請討論 Garmin 在 2019 年時經營績效為何？
2. 請討論 2008 年時，Garmin 如何受到蘋果及谷歌的競爭影響？
3. 請討論 Garmin「晴天要保持下雨天的準備」之經營哲學內涵為何？
4. 請討論 Garmin 開發任何新產品時，一定要問的 3 個問題為何？
5. 請討論 Garmin 有哪 5 個事業範圍？
6. 請討論 Garmin 研發費用占全年營收百分比多少？這是高或低？
7. 請討論 Garmin 的社群行銷術為何？
8. 總結來說，從此個案中，您學到了什麼？

個案30 case thirty

娘家

保健品領導品牌成功之祕訣

品牌由來

「娘家」保健品品牌成立已有 10 年，它是由民視電視臺所經營。幾年前，民視八點檔閩南語連續劇推出《娘家》一劇，收視率創下新高；之後，民視就想推出中老年人飲用的各種保健品，並以「娘家」為品牌名稱，沒想到，保健品推出後，一炮而紅，使「娘家」成為近年來市場上保健品的領導品牌之一，也為民視電視臺帶來新的收入及獲利來源。

營收及獲利

據市場人士估計，目前「娘家」品牌的年營收已達 10 億元之多，毛利率高達六成，獲利率至少二成以上，亦即一年可淨賺 2 億元，成為民視電視臺一個重要的獲利來源。也使民視電視臺開拓多角化事業成功。

產品與代工策略

其實，民視電視臺並沒有自己的工廠，都是委託外面專業工廠代工製造，再冠上「娘家」品牌及包裝。

「娘家」品牌目前的銷售主力有 4 項商品，分別為大紅麴、益生菌、滴雞精及魚油，占年營收的 80% 以上。

民視是找「晨暉公司」做研發、代工的，是嚴謹高品質及有效率的代工廠，晨暉主要是代工大紅麴及益生菌，雙方配合良好，已有 10 年合作歷史。另外，在滴雞精方面，民視則是找「元進莊公司」代工生產的。

至於民視的角色，它就是做好產品的策略規劃及品牌的廣告行銷、鋪貨上架工作，彼此分工合作，終於有今天的不錯成績。

定價策略

「娘家」保健品採取「高價策略」，比別的保健品牌貴 30%～50%。例如：大紅麴一盒要價 2,000 元，益生菌一盒 60 包也要 2,000 元，比別的品牌都要貴。

民視「娘家」品牌企劃人員認為，該品牌產品具有(1) 研發價值，吃得有效果；(2) 高品質價值，嚴管品質。

因此，以「高價」為訴求及保證效果。

廣宣策略

「娘家」品牌的廣宣策略相當成功，近 10 年來，已把「娘家」打造成國內保健品的主力領導品牌之一，相當不容易。

茲彙整「娘家」品牌近幾年來的廣宣策略如下：

(1) 代言人、證言人策略

「娘家」品牌最初以民視知名藝人白家綺及臺大生化教授潘子明做代言人、證言人，成功引起注目。

(2) 每年投入 1 億元廣告費

接著，「娘家」每年投入 1 億元，在民視無線臺及各大新聞臺，大量播出「娘家」大紅麴、益生菌、滴雞精及魚油電視廣告，藉由大量廣告曝光，大大打響「娘家」的品牌知名度及促購度。

⑶ 取得國家認證的信任感

再者，娘家的「大紅麴」送交美國 FDA（食品暨藥物管理局）取得核可認證，具有降血脂、降血壓、調節血糖等功能，更大大引起對該品牌的信任感。

另外，「娘家」品牌也取得國內政府的「國家品質獎」肯定。

⑷ 各大媒體報導，充分曝光

此外，「娘家」保健品也廣獲平面報紙、雜誌、網路等新聞報導，更加深「娘家」的高曝光度及打造更堅實的品牌力。

⑸ 其他廣宣策略

此外，還有公車廣告、連鎖藥局張貼宣傳海報等，也都更強化「娘家」的全國性品牌知名度。

通路上架策略

「娘家」品牌憑藉每年投入 1 億元的大量廣告費，終能很順利的進入各種實體及電商通路上架，方便消費者購買。包括：
⑴大型連鎖藥局：大樹、杏一、躍獅、丁丁、維康、康宜庭等。
⑵大型藥妝店：屈臣氏、康是美、寶雅等。
⑶大型超市：全聯等。
⑷大型量販店：家樂福、大潤發、愛買等。
⑸大型電商平臺：momo、蝦皮、PChome、雅虎、東森購物、臺灣
　　樂天等。
⑹自建線上商城。

結語

10 年來，「娘家」品牌已成功打造出強大品牌力，並成為保健品的領導品牌之一，每年創造 10 億元營收額及 2 億元獲利額，已成為國內具有高知名度及高信賴度的保健品品牌。

問·題·研·討

1. 請討論娘家品牌由來？以及目前每年營收額及獲利額是多少？
2. 請討論娘家的產品及代工策略為何？
3. 請討論娘家的定價策略如何？
4. 請討論娘家的廣宣策略為何？
5. 請討論娘家的通路上架策略為何？
6. 總結來說，從此個案中，您學到了什麼？

個案31　case thirty-one

鮮乳坊

鮮奶界後起之秀的經營策略

2015 年，一家靠著群眾募資而起的鮮乳公司，其品牌稱為「鮮乳坊」，其創辦人龔建嘉是一名動物獸醫。

聯名鮮乳的來源牧場

在賣場細看「鮮乳坊」的每一支產品，除了標示自家品牌名稱外，還有「豐樂、嘉明、幸運兒、許慶良」4 個牧場名稱，這種雙品牌命名方式，在市面上很少見；目的除了要讓消費者知道鮮乳來源之外，也是想讓酪農有亮相的機會。

該公司就是想打造一個空間，將好的酪農宣揚出去，讓他們有個舞臺可以被看見，並激勵那些真正用心經營的酪農戶。

龔建嘉說：「臺灣 500 座牧場中，我去過至少 300 座，看到牧場最真實的樣貌，並找出真正養得好的牧場，列入合作考量。」最後，他選出 4 家甲級牧場，並使鮮乳坊的鮮乳來自單一牧場，而不是混合多家牧場而成，使消費者喝得更安心，更可溯源追蹤，落實鮮奶履歷透明化。

做出真正的好產品，做出差異化

有來自「群眾募資」的背景，讓鮮乳坊在創立之初，就有消費者的支

持做後盾，因此，在行銷上，鮮乳坊就沒有選擇砸大錢下廣告，而是持續穩紮穩打的顧好乳源品質，做出產品差異化，並與國內五大鮮奶品牌（統一、味全、光泉、福樂、義美）區隔，讓鮮乳坊的牛奶自己說故事。該公司認為，好的產品自己會說話。

鮮乳坊只提供 A 級牛奶，A 級的標準是 30 萬以下體細胞數，B 級、C 級的牛奶絕對不使用，這是很真實的產品差異，品質夠好就足以說服人。為此，該公司與這 4 家牧場採購的乳源價格，也比別家高出 5%～20%，其目的就是希望鼓勵這 4 家酪農戶持續用心經營好牧場，並養出 A 級的好牛。

與通路深化合作

與鮮乳坊合作的牧場共有 4 家，每天有 2,000 隻乳牛在生產鮮乳，全臺約有 5,000 個銷售據點，合作的通路業者有全家便利商店、家樂福量販店、路易莎咖啡連鎖店、天仁茗茶等，年營收超過 3 億元。

2018 年，鮮乳坊受邀成為家樂福食物轉型計畫的一員，這項計畫是直接與農民合作，採購可溯源的優質好產品，不僅讓消費者更安心，也讓生產者可以獲得更好的報酬。

該公司與通路展開深度合作，形成夥伴關係，相互結合，產生更大效益。

鮮乳三大堅持與特色

鮮乳坊有三大堅持如下：
(1) 嚴選單一牧場，可追蹤溯源，保證 A 級生乳。
(2) 無添加、無調整，乳源原汁原味的天然成分。
(3) 獸醫在現場把關，養出健康的牛隻。

生產流程到通路上架

(1) 牧場端擠生乳：酪農每天早晚兩次的擠奶工作，一次擠奶大約需要花費兩小時。擠完的生乳會統一放置到乳槽中，冷藏保存到乳

　　　車來收取。

⑵乳車運送生乳：為了提供優質鮮乳，鮮乳坊堅持單一牧場乳源，
　　一臺乳車出去，只會收一個牧場的乳源，確保不會混到其他牧場
　　的乳源。

⑶代工廠滅菌裝瓶：為了維持單一乳源，在進入代工廠的產線前，
　　一定先清洗管線，確保沒有前次生產殘留的乳品。生乳進入生產
　　線後，進行滅菌及均質化的程序，隨後即裝瓶。

⑷物流車運送到通路上架、銷售。

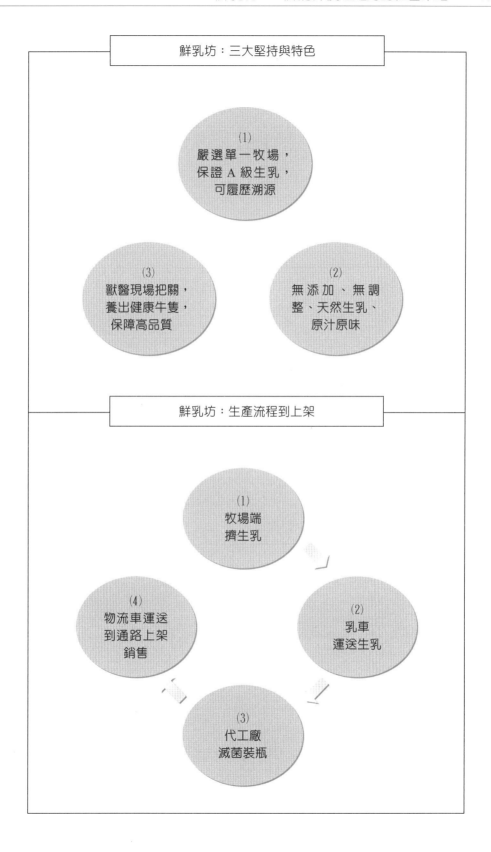

鮮乳坊：三大堅持與特色

(1)
嚴選單一牧場，
保證 A 級生乳，
可履歷溯源

(3)
獸醫現場把關，
養出健康牛隻，
保障高品質

(2)
無添加、無調
整、天然生乳、
原汁原味

鮮乳坊：生產流程到上架

(1)
牧場端
擠生乳

(4)
物流車運送
到通路上架
銷售

(2)
乳車
運送生乳

(3)
代工廠
滅菌裝瓶

問・題・研・討

1. 請討論鮮乳坊的聯名鮮乳為何？其目的為何？
2. 請討論鮮乳坊如何做出差異化好產品？
3. 請討論鮮乳坊的銷售通路在哪裡？
4. 請討論鮮乳坊的三大堅持與特色為何？
5. 請討論鮮乳坊的生產流程四大步驟為何？
6. 總結來說，從此個案中，您學到了什麼？

個案32　case thirty-two

欣臨企業

代理國外品牌經營成功之道

公司簡介

欣臨企業是國內知名且大型的國外品牌代理公司，目前代理品牌達 60 種之多；包括：阿華田、康寧茶、利口樂、沙威隆、小熊軟糖、味好美等，年營收高達 150 億元。

賺取價值差異，而非價格差異

欣臨公司總經理陳德仁表示，他每天都在想：「公司的價值是什麼？我們帶給消費者的價值是什麼？如何做出更高的附加價值給顧客？我們所做的是價值經營學。」

代理合作二大原則

陳德仁總經理認為，與國外品牌廠商合作，最重要的二大原則，即是：⑴ 誠信；⑵ 可靠。

在過去 20 多年來，欣臨公司即是憑藉此二大原則，獲得國外品牌廠商的長期良好合作夥伴關係。

拓展國內市場的三大策略

代理數十個國外品牌到臺灣國內，要如何去開展市場呢？欣臨企業有三大策略，如下：

⑴ 採取多品牌策略

陳德仁總經理表示，該公司採取的是「多品牌策略」，迄今已有 60 多種代理品牌；他指出當代理品牌越多時，越能產生綜效（synergy）好處，包括物流成本、業務洽談、行銷綜效等，進而帶來利潤增加。

⑵ 採取全通路策略

陳德仁總經理指出，不能只有單一通路在賣商品，必須做到全通路上架，把產品賣到不同通路，才能讓顧客方便買得到；意即須包括：超商、超市、量販店、學校、機場、電商平臺、藥局等線上＋線下的全通路拓展才行。

⑶ 跟國外品牌廠商做更深的結合

此外，欣臨企業也與國外品牌廠商做更深的結合，包括：
① 買下國外原廠。
② 跟國外品牌合資。
③ 商標合作。

有被需求，就有做不完的生意

陳德仁總經理表示：「經營生意，就是要別人有需求於你，你也能為別人創造價值，能做到這樣，就有做不完的生意。」

所以，企業經營一定要創造出需求及價值才行。

幫國外品牌廠商做大業績

作為一個國外品牌在臺灣的代理商，主要任務有 3 個：
⑴要盡可能做大業績。
⑵要為國外品牌知名度資產價值打響。
⑶要為國外品牌擴大市場通路布局。

代理品牌的 3 個標準

欣臨公司陳德仁總經理為代理國外品牌訂下 3 個標準：

⑴是否為好品牌。

⑵有沒有特色。

⑶有沒有被需要。

只要能符合這 3 個標準，欣臨就會努力爭取臺灣地區的獨家代理權，並全力為品牌做好業績銷售。

員工持股

陳德仁總經理表示，欣臨集團有 19 家旗下子公司，年營業額突破 1 億元的，計有 10 家之多。而各家子公司的員工持股比例，約在 20%～40%，此舉使得員工都會更加努力打拚，以為自己賺取更多股票獲利。

問・題・研・討

1. 請討論欣臨企業的公司簡介為何？
2. 請討論欣臨公司的價值經營觀念為何？
3. 請討論欣臨與國外代理商合作的二大原則為何？
4. 請討論欣臨拓展國內市場的三大策略為何？
5. 請討論國外品牌原廠希望欣臨代理商為他們做好哪三大任務？
6. 請討論欣臨陳總經理的一段話：「有被需求，就有做不完的生意」之含義為何？
7. 請討論欣臨代理國外品牌的 3 個標準？
8. 請討論欣臨公司員工持股狀況如何？
9. 總結來說，從此個案中，您學到了什麼？

個案33　case thirty-three

福和生鮮農產公司

國內最大截切水果廠商的成功祕訣

公司簡介

福和生鮮公司為國內最大的水果批發商及截切水果廠商，成立於 1971 年，已有 50 多年，該公司目前年營收達 20 億元，每年獲利 3 億元。該公司營運項目為批發水果、水果出口外銷、截切水果賣給下游各大零售通路。

打進主流零售通路

福和生鮮公司的截切水果盒，目前已成功打入統一超商（7-11）、全家超商、全聯超市、好市多、家樂福、大潤發等，均為其大型客戶，福和公司每天都供應這種鮮切水果盒上架，提供消費者購買；消費者的反應也很好，一來為相當便利、方便，不必自己削切水果；二來定價也屬平價不貴，消費者可接受；此外，鮮切水果盒的新鮮度及甜度都足夠，獲得消費者的好口碑。

做生意，要把「誠信」放在第一位，賺合理利潤

福和公司董事長邱進福表示，他經營生意 50 多年來，從沒有遇到客戶抱怨、砍單或退貨的狀況；邱董事長做生意的祕訣即是：「把誠信放在第一位，不會占別人便宜，也不會賺暴利，只求合理利潤，10%～15% 即可。」

確保水果品質：新鮮及好吃

福和公司對水果品質的自我要求很高，是不能打折扣的。該公司投資 20 多億元，引進最先進的冷凍水果設備及催熟設備，以保持水果的新鮮度、成熟度及甜度。

另外，該公司也通過國內政府 CAS 生鮮截切水果認證，以及國際食安認證，為消費者食安把關。

掌握水果貨源

福和公司邱董事長對臺灣水果產地很熟悉，知道哪個水果產地品質是最好的，而且其價格是合理的。

福和公司與各縣市水果農民鑑定「長期供應合約」，當水果摘取之後，即由產地直送福和水果加工廠冷凍起來，全程保持冷鏈運送，以保持水果新鮮度及好吃度。

眼光放遠一些，只要把品質顧好，客戶就會多起來

福和公司預估年營收額可以再成長一倍空間，從目前 20 億元成長到 40 億元；所以，福和公司近期才敢再投資 20 億元去購買最先進的水果冷凍設備廠。

邱董事長表示：「做生意眼光要看遠一些，前面先辛苦一點，只要把品質顧好，客戶就會慢慢成長、多起來，生意就會做不完。」

總結：成功 7 要點

總結來說，福和公司的成功可歸納出以下 7 點：

(1)確保好品質、高品質、好吃、新鮮的水果。

(2)把誠信經營擺在第一位，獲得客戶依賴感。

(3)不斷投資先進冷凍設備及催熟設備，做好基礎建設。

(4)與水果農簽訂長期合約，確保取得好水果的貨源。

(5)取得國內、國外食安認證，確保好品質的 S.O.P.。

(6)售價合理，沒有暴利，都是合理利潤。

(7)贏得好口碑，客戶介紹客戶。

問・題・研・討

1. 請討論福和公司的簡介為何？以及打進哪些主流零售通路？

2. 請討論福和公司邱董事長的經營理念是什麼？

3. 請討論福和公司如何確保水果的品質及鮮度？

4. 請討論福和公司預估未來營收可以成長到多少？

5. 請討論邱董事長所說的：「要把眼光放遠一點，先把品質顧好」，這一段話的含義為何？

6. 請討論福和公司經營成功的 7 個要點為何？

7. 最後，從此個案中，您學到了什麼？

個案34　case thirty-four

乖乖

長青品牌的經營祕訣

1968 年成立的乖乖，已經走過半世紀之久，其口味、包裝、行銷手法等隨著時代更新，每每推出新口味或新周邊產品，都讓人眼睛為之一亮。目前，乖乖年營收 10 億元。

乖乖品牌能夠歷久彌新而成為長青品牌的經營祕訣，到底是什麼？

進口國際好原料，結合臺灣本地農業

乖乖作為臺灣休閒食品業的長青品牌，目前生產作業仍 100% 留在臺灣。乖乖引進世界各地好的原料，再加上與臺灣當地食材做結合，推出許多在地化品項或新口味開發。

例如：乖乖使用法國非基因改革玉米粉、從菲律賓進口椰子粉，以及從挪威進口深海魚粉。

另外，在本土食材上，香蕉口味的乖乖，使用的是高雄旗山的香蕉，洋蔥口味乖乖則是使用來自屏東車城的洋蔥。

2018 年，乖乖也與農糧署合作，開發米乖乖、米泡芙、米穀捲等系列米零售，獲得當年度農糧署貢獻卓越獎。

另外，乖乖陸續搭配時節及慶典，與臺灣各地農產合作，像是大湖的草莓、臺東鹿野的紅藜、初鹿牧場的牛奶等，並在包裝後放上資訊，希望順勢推廣觀光。

乖乖的產品品項

號稱臺灣國民零售的乖乖，其產品品項計有：
(1) 乖乖品牌：
　　① 乖乖經典款。
　　② 乖乖桶。
　　③ 乖乖玉米棒。
　　④ 乖乖聯名包。
　　⑤ 乖乖米系列。
　　⑥ 乖乖嘉年華系列。
　　⑦ 乖乖綜合軟糖。
　　⑧ 乖乖乾杯系列。
(2) 孔雀品牌：
　　① 孔雀餅乾。
　　② 孔雀捲心餅。
　　③ 孔雀泡芙。
　　④ 孔雀香酥脆。
　　⑤ 孔雀禮盒。

跨界合作，推出聯名款

2016 年，乖乖與新竹台積電公司合作，推出限定版「乖乖不出包」系列，就是希望在南臺灣地震後，台積電機臺不出問題。另外，2020 年與台亞加油站合作，發售「台亞乖乖聯名包」限定產品。

2019 年 2 月，乖乖又與臺東關山鎮農會合作，推出「關山米乖乖」，積極協助在地農產米的銷售；2019 年也與衛福部疾管署合作，鼓勵民眾打流感疫苗，以「乖乖打疫苗，流感不再來」的宣傳口號，推出防疫聯名的白色包裝乖乖。

未來努力四大方向

乖乖的總經理廖宇綺表示，乖乖的宗旨，就是遵循著「健康、快樂、乖乖」6 個字；而在具體方向上，主要重點如下：

⑴在產品上，乖乖仍會堅持做出好品質。對食品業者來說，這是不可動搖的最好根本。乖乖仍會不斷研發出好口味，讓產品更多元化。同時，也希望乖乖在消費者心目中不光是好吃、有特色的形象，也是一個讓人可以吃得安心的品牌。

⑵乖乖希望在能力範圍內，落實環境保護。乖乖在包材上很難再減少，但還是會盡可能避免二次包裝的浪費。

⑶希望把乖乖的 IP（智慧財產權）發揚光大，塑造為如同「華人的 Hello Kitty」。一提到乖乖，就想到臺灣，讓男女老少都能對乖乖產生認同感。

⑷另一個重點是針對 IP 及周邊產品經營，未來也會走部分產品限量策略，以及推出主題性及故事性產品，甚至會有收藏性產品，要讓乖乖老品牌也能講新故事。

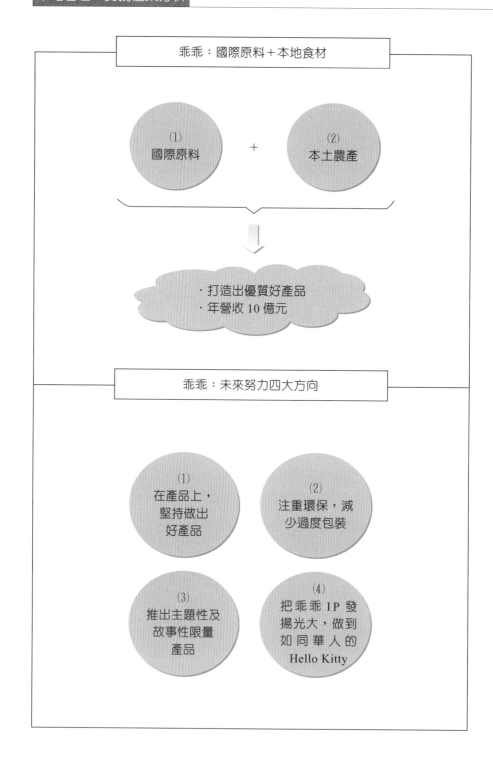

問·題·研·討

1. 請討論乖乖以國際好原料結合臺灣本地農產的狀況為何？
2. 請討論乖乖有哪些產品品項？
3. 請討論乖乖有哪些跨界聯名合作？
4. 請討論乖乖未來的四大努力方向為何？
5. 總結來說，從此個案中，您學到了什麼？

個案35　case thirty-five

櫻花的經營策略

成立與經營績效

　　櫻花廚具成立於 1978 年，迄今已 40 多年，1992 年成為上市公司；臺灣員工有 1,000 人，在臺中有 3 個工廠，在中國大陸員工有 3,200 人，工廠有 2 個。

　　櫻花公司 2024 年合併營收達 50 億元，獲利 8 億元，獲利率 7.5%；相較於 2012 年時，櫻花營收才 40 億元，獲利 3.3 億，12 年來櫻花的經營績效可說有顯著成長。

　　櫻花（SAKURA）＋莊頭北 2 個品牌的熱水器、瓦斯爐、除油煙機等產品，市占率合計高達 44%，其中，櫻花市占率 37%，莊頭北市占率 7%；櫻花市占率居全國之冠；臺灣總戶數為 860 萬戶，超過 600 萬戶家庭使用櫻花廚具產品。

產品系列多元化

　　櫻花目前有四大產品系列，包括：
　⑴櫻花、莊頭北的瓦斯爐、熱水器、除油煙機屬於中價位。
　⑵進口瑞典伊萊克斯大家電屬於高價位。
　⑶櫻花整體廚房設備屬中價位。
　⑷櫻花整體浴室設備屬中價位。

銷售通路結構

櫻花全臺有 9 家總經銷，然後再下放給近 3,500 家經銷商，包括：特約店、生活館、建設公司、中盤商、量販店等。

另外，近幾年來，由於百貨公司通路的家電樓層生意也很好，因此，櫻花也開始規劃進入此通路，以提高櫻花產品的好質感形象。

技術價值創新

櫻花雖然在國內廚具擁有高市占率及高品牌知名度，但其技術研發部門仍不斷突破技術升級，往更高附加價值的產品精進。例如：傳統熱水器售價只有 7,500 元，但新開發的智慧恆溫熱水器，售價都提高到 23,000 元，翻了 3 倍之多。又如傳統瓦斯爐售價只要 4,700 元，但新開發的智慧瓦斯爐，售價則提高到 18,000 元，也是翻了 3 倍之多。

這些都是由於提高產品附加價值，而能順利提高售價、增加營收與拉升獲利的成果。

三大經營理念

櫻花公司 40 多年來所秉持的三大經營理念，即是：
(1)創新（技術突破，提高附加價值）。
(2)品質（出廠前，必須達到品管 100 分）。
(3)服務（一輩子的服務，才是真正保障）。

四大服務

自 1978 年以來，櫻花持續推出：（註 1）
(1)永久免費安檢，讓櫻花熱水器的安全真正有保障。
(2)永久免費油網送到家，讓櫻花抽油煙機吸力永保如新。
(3)永久免費廚房健檢，讓櫻花整體廚房使用最安心。
(4)永久免費淨水器健檢，讓您的飲水品質安心無虞。

產品開發貼近消費者

在櫻花公司裡，每一位產品經理及通路經理，每年都必須完成 25 位消費者的深入訪談，以搜集消費者反映意見及需求的第一手資料。另外，也會派專人到消費者家中，實地觀察消費者使用產品狀況，以作為未來產品改良與升級的參考依據。

（註 1）此段資料來源，取材自櫻花公司官網（www.sakura.com.tw）。

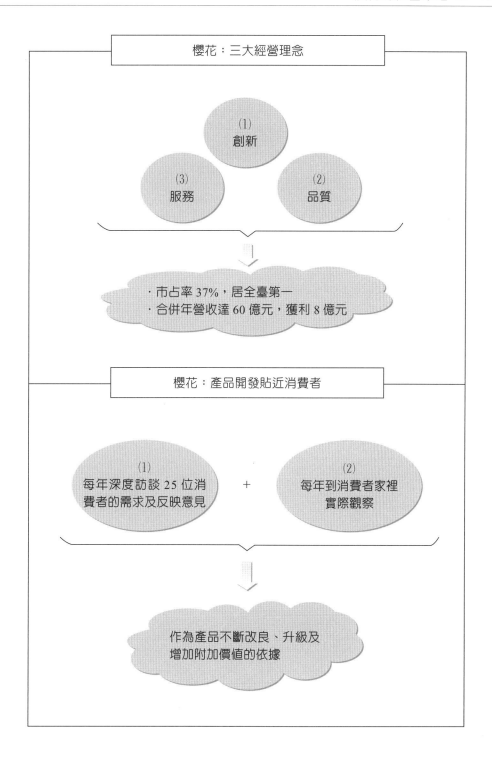

問・題・研・討

1. 請討論櫻花的發展現況及經營績效為何？
2. 請討論櫻花的四大產品系列為何？
3. 請討論櫻花的銷售通路結構為何？
4. 請討論櫻花的技術價值創新為何？
5. 請討論櫻花的三大經營理念為何？
6. 請討論櫻花的產品開發如何貼近消費者？
7. 總結來說，從此個案中，您學到了什麼？

個案36　case thirty-six

黑橋牌
香腸老品牌多角突圍策略

市占率高

　　據尼爾森統計，黑橋牌在市面冷藏櫃販售的香腸、火腿、培根及德國香腸等，平均市占率約 35%，其中單一品牌香腸市占率更高達六成，居業界之冠。

　　2020 年在全球新冠肺炎流行期間，因民眾在家自煮趨勢下，使黑橋牌業績逆勢成長 30%，2020 年營收額達 13 億元，創下歷史新高。

突圍三策略

　　20 多年前，因爲量販店及超市崛起，但公司營收額九成來自直營店，造成業績數年停滯。再加上 1997 年臺灣口蹄疫爆發，民眾不敢吃豬肉及其製品，長達 3 個月豬肉市場停頓，黑橋牌也受波及，營收額從 7 億掉到只剩 5 億元。爲突破困境，因而採取以下策略：

(1) 進入實體通路上架

　　爲填補少掉近三成的業績，讓消費者直接接觸黑橋牌產品，該公司努力爭取將眞空包裝香腸上架量販店及超市通路的冷藏櫃；隨著超市及量販店展店，業績漸升，約 2 年時間，營收額回到 7 億元。目前，超市及量販店通路貢獻六成營收，非常重要，其他四成則靠直營門市店。

⑵ 展開產品多元化

營收要持續成長，光有一項明星產品「原味香腸」不夠，該公司開始瞄準其他豬肉加工品等多元產品發展，研發出蘿蔔糕、包子、豆腐、啤酒等多種口味香腸；每年上架超過 10 種新產品，也成立西式肉品品牌「德意廚房」，在直營店販售伴手禮盒，試圖打造新成長曲線。

⑶ 開拓海外市場

香港是第一個試水溫的海外市場，不少代理商前來洽商，剛開始銷量不大，後來透過各種行銷與宣傳活動，包括：參加香港美食博覽會、上架香港超市、參加大型推廣活動，之後帶來顯著業績成長。

第二個市場則是日本，首次上架日本超市，商品 2 天內就賣完，當地業者立刻追加一貨櫃。

下一個目標將是進攻東南亞及美國華人連鎖超市，預估未來 5 年的海外銷售，將會有大幅成長可期。

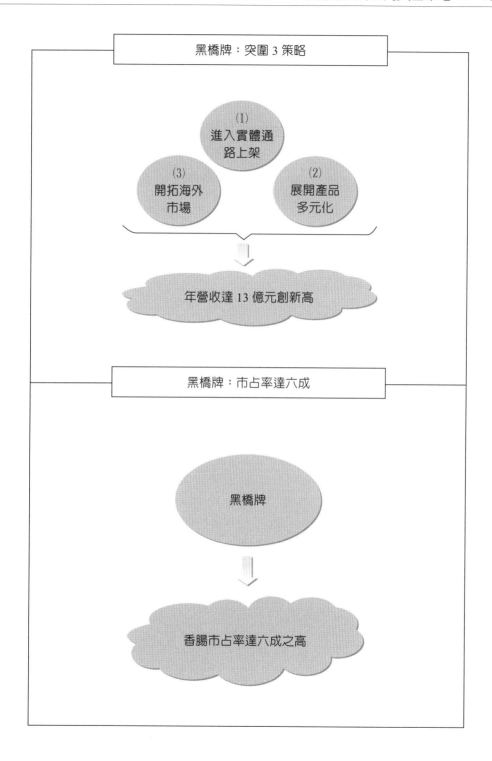

問·題·研·討

1. 請討論黑橋牌的市占率多少？
2. 請討論黑橋牌突圍 3 策略為何？
3. 總結來說，從此個案中，您學到了什麼？

個案37 case thirty-seven

橘色涮涮屋

火鍋界的 LV 向前衝

旗下 5 個品牌，年營收近 7 億元

　　隱身在臺北東區巷內，低調高檔的餐飲橘色涮涮屋，是演藝圈藝人及不少政商名流的最愛，有著火鍋界 LV 的美譽；但橘色餐飲集團向來低調，默默經營金字塔頂端客層，是頂級鍋物的代表。

　　橘色集團旗下的橘色涮涮屋店數僅 3 間，包括大安一館、二館及新光三越 A9 館；雖然開的店數不多，但品牌知名度高，加上鎖定高單價市場，客單價約 1,600 元，集團旗下的 5 個品牌，2024 年就創造近 7 億元的營收，一年約創造 50 萬的消費人次；其中，橘色涮涮屋一館、二館年營收 2.8 億元，新光三越 A9 館則爲 1.3 億元。

　　橘色涮涮屋有八成是回頭客，經營高端餐飲市場的祕訣是，來自對食材的嚴格要求以及用心服務。該公司自製食品，例如：手工鮮蝦丸、軟絲丸、蘆筍豆腐、杏仁豆腐等，都盡可能選用原始天然食材，加上高檔、新鮮食材煮出來的湯頭，讓顧客有好口碑。

用心，創造美好體驗

　　橘色餐飲集團自 2000 年成立以來，用心經營品牌的堅持與理念，即是：(1)貼心服務；(2)頂級食材；(3)舒適空間，提供顧客極致的用餐體驗。

從入座開始就有專人為顧客服務，每樣菜色皆經由專業團隊嚴格把關品質，從第一涮到最後的招牌黃金粥，不斷在舌尖交織出一篇篇美味樂章。

未來計畫

第二代接班人袁保華執行長表示，未來展店計畫充滿挑戰，要邁出臺北舒適圈，代表該公司對於人才部署、食材運輸及餐廳營運品質等軟硬體的結合都準備好了；期望未來 5 年內能布局六都，店數規模超過 10 家，甚至能到美國去展店。

改善管理制度

袁保華執行長表示，過去調薪規則不明確，看資歷、憑感覺調薪，也沒有透明的升遷制度，最後冗員很多，優秀人才一定走，因為沒位子可發展。

2017 年起，接班人先把人員訓練及升遷制度建立起來。他們先幫新人做 5 天集中教育訓練，從最基本的認識食材開始學起，改善過去把新人丟給現場服務人員，加重工作負擔的痛點。

另外，開始實施明確且嚴格的升遷制度，計有 4 把管理之刀：新生訓練考試沒過，開除；3 個月後沒轉正職，開除；1 年沒升遷，開除；2 年內必須再升一階，可以選管理職、公關部門或教育訓練部門，否則降階減薪。

另外，也成立全集團採購的專屬部門，以求事權統一及降低採購成本。

事實上，過去橘色全部集團只有一個辦公室，現在創辦人的兒子負責業務、人資、培訓、財會；女兒負責採購、總務及行銷公關；用各自的專長管理公司營運。

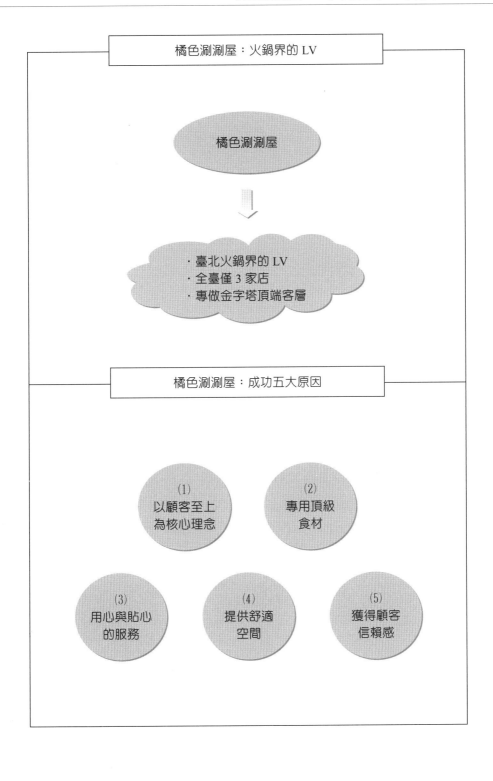

問·題·研·討

1. 請討論橘色涮涮屋的經營績效如何？
2. 請討論橘色涮涮屋的五大成功原因為何？
3. 請討論橘色涮涮屋如何改善管理制度？
4. 總結來說，從此個案中，您學到了什麼？

個案38　case thirty-eight

源友

臺灣最大咖啡烘焙廠

食品代工廠起家，切入超商供應鏈

　　源友食品公司成立於 1985 年，工廠設在桃園；它從食品原料代工廠起家，最初是進口各式食品原料；到 2009 年，成功打入連鎖超商咖啡供應鏈，此後即呈現快速成長。2010 年營收為 6 億元，2024 年快速成長到 16 億元。臺灣一年進口 2.8 萬噸咖啡生豆，其中 1/4 是由源友負責烘焙的。

　　源友的下游訂單客戶，包括連鎖超商、連鎖速食、大型食品工廠，及中國第二大咖啡店「瑞幸咖啡」。這些大型訂單客戶對源友公司的需求只有 2 項，一是要求供應量能夠足量穩定供應，二是品質能夠長期穩定。而這 2 項需求，也是源友公司能在此行業中勝出的根本原因。

產品線

　　源友的主力產品線有 3 項：（註 1）
　　⑴咖啡：焙炒咖啡豆、研磨咖啡粉、即溶咖啡粉。
　　⑵茶葉：烏龍茶、綠茶、紅茶、普洱茶。
　　⑶穀物：大麥、黑麥、薏仁、決明子、燕麥、麥芽。
　　上述以咖啡為主力，占營收 70% 之高。
　　2014 年擴廠後，源友公司精簡食品原料生產線，決定集中在有市場需求及成長潛力大的咖啡、茶葉二大事業領域。

源友發現連鎖超商最在意品質的一致性，例如：國外進口的生豆經常會有小石頭，影響烘焙豆的品質，因此，源友打造出可以清理小石頭篩選生豆的生產設備，徹底解決品質問題。

鼓勵人才培訓

源友為了養成更專業、更堅強的咖啡事業，它對於人才團隊的建立及培訓，更是不遺餘力。它送員工到中南美、非洲、東南亞的咖啡原產地去觀摩、考察及評估；並協助員工們考取國外專業證照，目前擁有國外 CQI 咖啡品質鑑定師資格者即有 10 多位，是全臺擁有最多鑑定師的專業工廠。這些專業鑑定師對源友的產品開發、改良、升級及品管，都有很大貢獻。

布建一條龍供應鏈

源友近年來的發展策略，就是往上游及下游展開。它把事業版圖延伸到上游產地，會派人到全世界產地，尋找最優質的精品咖啡豆，以掌握生豆來源，發展更高的附加價值。

另外，源友也投入 3,000 萬元往下游發展，即開設 4 家咖啡門市店，嘗試做下游的精品咖啡門市店，一方面可以為源友宣傳，二方面可以嘗試走入門市終端經營，了解顧客需求及評價。

源友可以說是從國外生豆採購、烘焙、銷售、配送到門市店一條龍的供應鏈，打造出高競爭門檻，保護它的長期成長性。

經營理念

源友公司有五大經營理念：(註 2)

(1)效率的經營管理。

(2)創意的研發精神。

(3)先進的生產設備。

(4)完整的產品組合。

(5)堅強的服務陣容。

(註 1) 及 (註 2)：此部分資料來源，取材自源友公司官網。

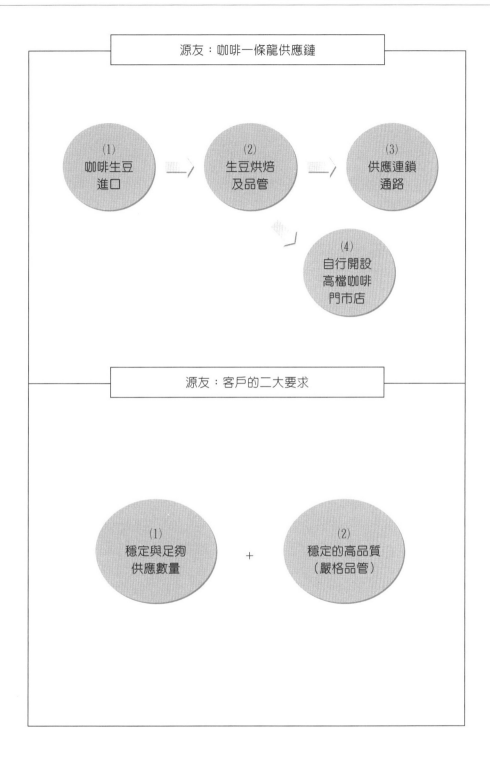

問·題·研·討

1. 請討論源友公司的發展概況為何？
2. 請討論源友公司的產品線有哪 3 項？
3. 請討論下游訂單客戶對源友供應烘焙豆的二大要求為何？
4. 請討論源友如何鼓勵人才培訓？
5. 請討論源友如何布建一條龍供應鏈？
6. 總結來說，從此個案中，您學到了什麼？

德麥

臺灣最大烘焙原料廠

公司概述及經營績效

德麥食品公司是臺灣最大的麵包及西點烘焙原料廠。

德麥的經營理念，在其官網中揭示：「致力為客戶的完美產品提供卓越的服務，……擁有專業技術與管理經驗，堅持專業經營理念。擁有最多烘焙技術團隊及設備最完善的烘焙教室，以及烘焙技術；成為客戶心中最信賴、最全能的烘焙夥伴。德麥通過 ISO 22000 及 HACCP 的認證，具有安全、衛生及高品質。」（註1）

德麥公司 2024 年營收達 40 億元，稅後淨利為 5 億元，獲利率達14%，EPS 為 13.4 元，上市股價為 220 元之高；連續 6 年，每年都賺進 1個以上股本，連續 13 年的 EPS（每股盈餘）都超過 10 元，經營績效頗為優良。

產品線

德麥主要有五大產品線原料，包括：(1) 麵包類；(2) 乳品類；(3) 西式糕點類；(4) 巧克力類；(5) 水果類等，產品線非常完整、齊全、多元；對客戶而言，具有好吃、成本低、客戶利潤高等好處。德麥嚴選世界各國最優質原料，品類齊全、品管安心，製作出最美味的麵包，深受各界下游客戶的肯定與好評。

一條龍服務

德麥公司以「配料、研發、銷售到物流」等一條龍服務，打造出全臺最大烘焙原料廠地位。其主要知名下游客戶，包括：阿默蛋糕、85 度 C、微熱山丘、哈肯舖等超過 6,600 家大型客戶，以及國內各大飯店、連鎖賣場、麵包店及零售商家，普及率高達 95%，一年做出 40 億元的銷售成績。

德麥公司內部建立一支高效能的烘焙師團隊，專責研發新產品給客戶，每年至少研發出 10 款～20 款新產品，可說具有強大的研發能力，這也是德麥巨大的競爭優勢。

此外，德麥還建立 7 間烘焙教室，引入專業及符合市場需求的烘焙技術，並定期為客戶做講習傳授，用心為客戶創新做好充實準備。

德麥的銷售目錄，計有高達 3,000 種商品，它不只賣原料，更是賣一個銷售組合，滿足下游客戶一站購足的需求。一旦成為德麥的客戶，幾乎都會長期往來。

拓展海外市場策略

2014 年，德麥正式進軍中國大陸巨大市場，並以江蘇無錫市作為根據地，拓展中國市場，形成德麥未來成長的第二個重要支柱。希望之後能成為中國江蘇、浙江及上海地區最強大的烘焙原物料供應大廠。

目前，德麥在 4 個國家有營業成績，在年營收 40 億元之下，臺灣營收占比 58%，中國占比 34%，馬亞西亞占比 6%，香港占比 3%；顯見臺灣及中國是最重要的二大市場，尤其，中國巨大市場更是德麥未來的成長契機。

關鍵成功因素

總結來說，德麥的關鍵成功因素，計有下列 5 項：

(1) 能提供配料、研發、銷售、物流的一條龍、一站式服務，滿足客戶的全方位需求。

(2) 能提供高品質烘焙原料，數十年來，均無食安問題，客戶有信心、有保障。

⑶能提供強大研發創新能力，不斷創新產品內容，滿足求新求變的市場需求。

⑷中國市場潛力巨大，提供德麥未來再成長的市場保證。

⑸擁有強大的烘焙技師人才團隊，這是公司存在及成功的最大根基。

(註1) 此段資料來源，取材自德麥公司官網。

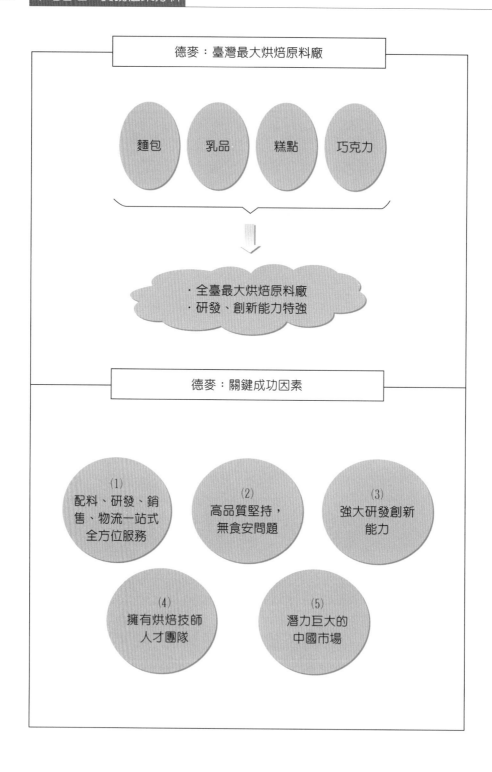

問·題·研·討

1. 請討論德麥公司的概況及其經營績效為何？
2. 請討論德麥公司的產品線及一條龍服務為何？
3. 請討論德麥公司的拓展海外市場策略為何？
4. 請討論德麥公司的關鍵成功因素為何？
5. 總結來說，從此個案中，您學到了什麼？

個案40　case forty

南寶樹脂

全球最大鞋用膠水品牌

公司概況與營運績效

南寶樹脂創立於 1963 年，迄今已有 60 多年歷史；它是位於臺南市西港區、臺灣第一大的接著劑品牌，以及全世界最大運動鞋用膠水品牌。

它的主力產品，包括：鞋膠、接著劑、熱熔劑、塗料等。該公司營運據點，除了臺灣之外，在中國昆山、東莞、佛山，以及東南亞的越南、印尼、泰國、菲律賓，也都有產銷據點。

該公司 2024 年營收額高達 146 億元，獲利 9 億元，獲利率為 5%，該公司所生產的膠水，有 40% 是運動鞋訂單，市占率全球第一；該公司膠水行銷全球 63 個國家之多。

300 名專家派駐到下游訂單客戶工廠內部

南寶公司有獨特的方法，能夠黏住它們的重要訂單客戶工廠。亦即南寶養成一批 300 人之多的「技術及服務團隊」，這些人都是膠水化工專家，他們的任務是長期駐守在運動鞋代工大廠豐泰及寶成的工廠裡，有問題都可以透過這群專家立刻解決，效率極佳。

每年提撥 3% 營收額做創新

除了用服務黏住客戶之外，南寶公司能夠使客戶信任與採用的根本關鍵，即是它能研發出千變萬化的多功能膠水，迄今為止，該公司已研發出數萬種膠水。

南寶公司每年提撥年營收額的 3%，即一年約拿出 4 億元作為膠水化工原料的研發支出。

根據該公司官網表示：「主要研發小組成員專精於合成樹脂之研製，為確保成品品質，亦投入齊全的各種儀器分析技術與物化性檢測技術，配合統計化學進行全面品質管理，以確保品質質量。」（註 1）

薪資、獎金高於同業，吸引優秀人才

南寶以高薪吸引人才到臺南偏僻地區工廠做事，沒有經驗的研發新鮮人，起薪為 3.9 萬～4.7 萬元，平均年薪為 15 個月，高於業界 20%～30%。如果能研發出新產品或對既有產品改良，還可以拿到激勵研發獎金，因此，優秀的研發新鮮人想要年薪破百萬，亦非難事。

有如此好的全球市占率、臺灣第一名膠水市場地位及薪資、獎金鼓勵，南寶員工的流動率很低，課長以上主管的流動率幾乎是零。

經營理念與行為準則

根據南寶公司的官網顯示，該公司的經營理念主要有下列5點：（註2）
⑴永遠保持學習心態。
⑵持續改善工作方法。
⑶致力於創新。
⑷追求卓越。
⑸勇於提出改善建議。
而該公司對員工的行事準則，主要有 4 項：（註 3）
⑴innovation：創新是日常工作。
⑵passion：樂於工作熱情。
⑶accountability：當責決心，使命必成。

⑷delegate：授權員工並鼓勵員工做事，不要怕做錯。

（註1）、（註2）、（註3）之資料來源，均取材自南寶樹脂公司官網資料（www.nanpao.com.tw）。

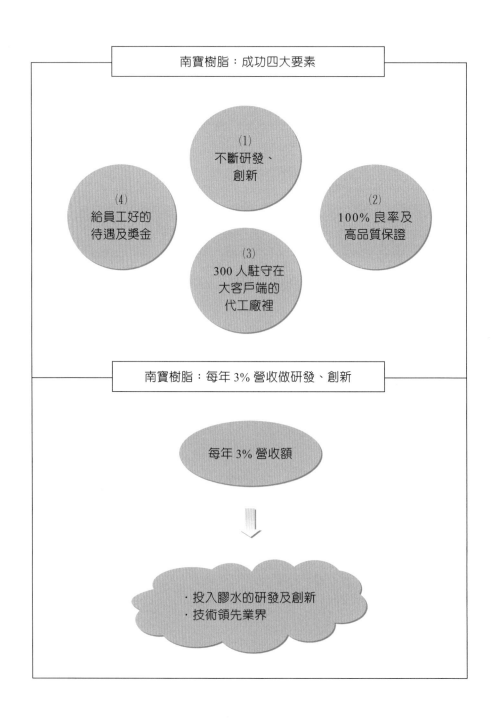

問·題·研·討

1. 請討論南寶公司的成功四大要素為何？
2. 請討論南寶公司概況及經營績效為何？
3. 請討論南寶公司如何展現服務以黏住訂單大客戶？
4. 請討論南寶公司的研發如何？
5. 請討論南寶公司如何吸引優秀人才？
6. 請討論南寶公司的經營理念及對員工的守則為何？
7. 總結來說，從此個案中，您學到了什麼？

個案41 case forty-one

美廉社

庶民雜貨店的黑馬崛起

穩坐臺灣第二大超市地位

　　美廉社是三商家購旗下的中小型超市，有點類似全聯的縮小版。成立於 2006 年，迄今僅 10 多年，目前已有 800 家店，年營收額為 130 億元，僅次於全聯福利中心的 1,200 店，不過，全聯屬於較大型超市，而美廉社則為較小型超市。國內另一家超市則為頂好超市，有 220 家店。（註：頂好超市已於 2019 年 10 月被家樂福收購了）

定位

　　美廉社的定位，即是「現代柑仔店」，品質適中，但價格便宜，是具有高 CP 值的中小型超市；坪數大約在 23 坪～70 坪之間；此種「現代柑仔店」即定位在大型超市與便利商店之間，尋求一個適當的滿足點與平衡點。

主要客源

　　美廉社的設店位址，大部分為社區巷弄裡，或為中型馬路邊的小型街邊店；它的主要消費客層是金字塔底層的庶民大眾，主要以家庭主婦為目標消費群，也可以說主搶主婦客源。

主要生存空間

美廉社是一個縮小版的全聯，它的主要生存空間，仍是在於普及設店的「便利性」；一般家庭主婦在社區內走路 3 分鐘～5 分鐘，即可到店買東西，便利性是美廉社最大的生存利基點。

精簡成本

美廉社每家店都是中小型店，裡面空間非常狹小，產品品項也不能放置太多。美廉社強調以精簡、省成本為營運訴求，省成本表現在兩方面：一是人力省，每家店的服務人員大都只有 2 人，比起全聯的 10 人，少掉不少人；二是省租金，即每家店坪數只有 25 坪～70 坪，比起全聯平均200 坪，也省掉不少房租費用。美廉社把省下的費用回饋給消費者，以平價供應商品給顧客。

專賣便宜、長銷、差異化商品策略

作者曾親自到美廉社去看過，它所販賣的產品及品項，大致在全聯都買得到。它主要以專賣一些便宜、知名品牌、長銷商品為主力，鞏固每天的基本業績。另外，美廉社也有一些自有品牌及進口品牌，作為與別家超市差異化的特色產品，但其占比較少，目前僅 5% 而已。

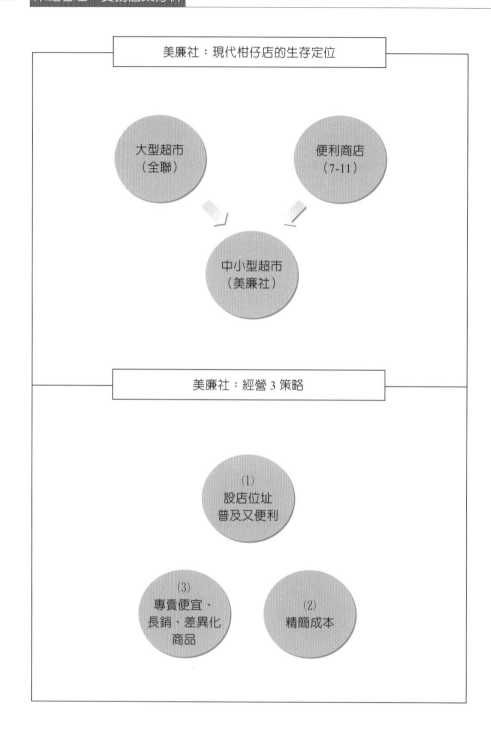

問・題・研・討

1. 請討論美廉社的市場地位及定位為何？
2. 請討論美廉社的主要客源及生存空間為何？
3. 請討論美廉社如何精簡成本？
4. 請討論美廉社的商品販賣策略為何？
5. 總結來說，從此個案中，您學到了什麼？

個案42　case forty-two

六角國際

加盟品牌平臺中心的成功開拓者

企業概況與願景

六角國際公司成立於 2004 年，並於 2015 年在國內證券市場上櫃掛牌。六角國際公司的經營模式，就是朝向多品牌的餐飲事業加盟平臺中心發展。目前，六角國際已開發出計有 9 個餐飲品牌，其中最知名的就是「日出茶太」手搖茶事業品牌；其他還有日式豬排、牛肉麵、炸牛排、英式輕食、日式餃子等，目前這些品牌的加盟店已遍及全球六大洲及 40 個國家，具有相當的全球化布局。

六角國際公司的長期發展願景，即是邁向「國際餐飲品牌平臺」，並把東方美食推展到全世界。

六角國際的四大經營模式

根據六角國際官網顯示，該公司計有四大經營模式，說明如下。（註1）

⑴ 自營品牌授權國內外代理經營或加盟經營

包含營運指導、門市設計規劃、產品研發、教育訓練、行銷支援、原物料及設備供應等，此為六角國際當前最主要的經營模式。

(2)**代理國際品牌來臺經營展店**

即代理國外優質品牌於國內展店經營，或是再代理到其他國家發展。

(3)**品牌委任代理經營**

即接受國內連鎖品牌委託，向海外發展連鎖體系，並參與支援實際營運。

(4)**股權戰略合作**

即與中國餐飲集團合資合作，進軍中國手搖茶市場。

「日出茶太」品牌海外拓展 2,000 店

六角國際 2024 年營收約為 28 億元，毛利率高達 50%，EPS（每股盈餘）達 5 元，海外營收占比為六成之多。

六角國際近幾年來，全力加速複製「日出茶太」品牌到海外 40 個國家，全球展店已超過 2,100 家加盟店。六角國際在臺灣也有加盟店，但該公司認為海外市場規模潛力比較大，而且比臺灣容易獲利，因此優先拓展東南亞、中國、歐洲、美國等加盟代理市場。它最關鍵的行動，就是盡速在海外每一個國家找到合適的總代理商，然後再由這家當地總代理商加速拓展加盟店生意。

「日出茶太」的海外 3 種收入來源

「日出茶太」在海外當地的收入來源，主要有 3 種：(1) 從臺灣販賣茶飲料及水果飲料的原物料與設備給海外當地國總代理商，賺取應有的利潤收入。(2) 向海外授權總代理商每年收取固定的年費收入。(3) 海外加盟店每杯銷售抽 3% 的品牌授權金收入。

此 3 種收入，亦可視為臺灣總公司對海外各國總代理商收取 IP（Intellectual Property）授權費之收入。

海外嚴謹品管及管控

六角國際在臺灣總公司成立「國際營運管理部門」及「原物料品管部

門」2 個監管單位，以避免海外事業出差錯。

　　「原物料品管部門」的工作，即是對即將出口到海外各國的原物料，例如：茶葉、水果、糖等進行食品安全的檢驗過程，以確保海外食安保證。而「國際營管部門」則是針對海外各國總代理商及各國加盟店，進行必要的經營查核、現場稽核以及 S.O.P. 標準作業流程之鞏固執行。以確保海外營運流程都很順暢，不出差錯。

關鍵成功因素

　　六角國際已是上櫃公司，該公司近幾年快速發展，其成功關鍵因素，計有下列 5 項。

⑴ 經營模式明確、可行且能獲利

　　六角國際以「全球化加盟品牌營運中心平臺」為經營模式，具有明確、可行及能獲利等特性。目前以「日出茶太」手搖飲最為成功，日後其他品牌亦會拓展國際市場。

⑵ 海外合作夥伴佳

　　六角國際有一套識別海外總代理商的標準作業流程及眼光判斷能力，找到當地最佳的合作夥伴，經營就成功一半了。

⑶ 快速在全球展店

　　六角國際認為，近幾年海外市場發展空間仍很大，因此加快速度，全力指示海外總代理商加速複製加盟店的拓展，以先入市場、占有市場、提升市占率為首要目標。

⑷ 產品力好

　　「日出茶太」手搖飲及水果茶配方優良，原物料品質佳，因此，產品力很強，受到海外當地消費者的好評口碑行銷。

⑸ 有嚴謹品管及海外運作管控

　　六角國際雖然信任海外總代理商及加盟店的授權運作，但仍須定期稽核，才不會出問題。

（註 1）：此段資料來源，取材自六角國際公司官網。

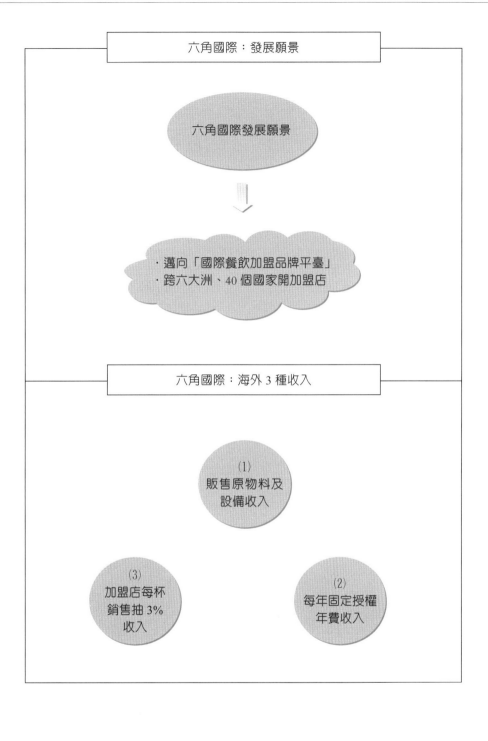

問·題·研·討

1. 請討論六角國際公司的現況及願景為何？
2. 請討論六角國際的四大經營模式為何？
3. 請討論日出茶太的海外 3 種收入為何？
4. 請討論六角國際如何管控海外當地國？
5. 請討論六角國際的成功關鍵因素為何？
6. 總結來說，從此個案中，您學到了什麼？

個案43 case forty-three

統一超商：CITY CAFE

全國最大便利店咖啡領導品牌的行銷策略

一年銷售 3 億杯咖啡的奇蹟

全臺一年現煮咖啡市場規模達到 450 億元，其中，以統一超商的 CITY CAFE 市占率爲最高，一年賣出 3 億杯咖啡，年營收額達 135 億元，全臺市占率達 30% 之高。第二大爲統一星巴克，年營收額也達 110 億元。

廣告 slogan

統一超商 CITY CAFE 的廣告 slogan，早期爲：「整個城市都是我的咖啡館」，掀起一陣喝咖啡的旋風；近來 slogan 則改爲：「在城市，探索城事」，繼續延伸在城市喝咖啡的良好氛圍。

產品策略（product）

CITY CAFE 經過 10 多年的成功經營，其產品系列也更加豐富及多元化發展。主要有下列 3 種系列：（註 1）

⑴傳統咖啡系列：其品項有美式咖啡、拿鐵咖啡、卡布奇諾、焦糖瑪朵奇等。

⑵CITY CAFE 現萃茶系列：主要有水果茶及珍珠奶茶，其品項有珍珠純奶茶、經典純奶茶、經典紅茶、臺灣水果茶、檸檬青茶、四

季青茶等。

(3)CITY CAFE premium：即精品咖啡，主要以衣索匹亞高檔咖啡豆
所製成的高級咖啡。

定價策略（price）

CITY CAFE 的各系列定價策略，主要仍採平價策略。其中，傳統咖啡每杯價格在 40 元～50 元之間，人人都喝得起；水果茶及珍珠奶茶每杯價格則在 50 元～60 元之間；精品咖啡每杯則為 80 元。此種平價策略的主要目標客群，仍以廣大的一般上班族及中產階級為主要對象。由於平價策略使得 CITY CAFE 的消費客群非常廣闊，因此，一年才能銷售出 3 億杯如此巨大的數量；這也是它成功的根基之一。

通路策略（place）

CITY CAFE 的通路銷售據點，全臺高達 6,900 家店之多，在都會區更是高度密集，購買非常便利，而且是 24 小時全年供應，成為它的重要優勢之一。

推廣策略（promotion）

CITY CAFE 有非常靈活的推廣策略，包括下列各項。

⑴ 代言人及電視廣告

CITY CAFE 的代言人，10 幾年來陸續都採用金馬獎影后桂綸鎂，效果很好。成功把 CITY CAFE 的氛圍帶動起來，成為在都市手拿一杯咖啡的流行話題。另外，在電視廣告方面，每年至少 4,000 萬元的行銷廣告預算投入播放，長期以來累積出 CITY CAFE 的堅強品牌形象。

⑵ 促銷

另外在促銷方面，CITY CAFE 經常舉辦第二杯半價優惠活動，以及集點贈送柏靈頓熊、復仇者聯盟馬克杯與保溫杯等促銷活動都非常成功，帶動熱銷。

⑶ 店頭廣告行銷

CITY CAFE 在 6,900 家門市店內及店外，均有大幅貼紙、海報或人形立牌，突顯出它的品牌印象深入人心。

⑷ 藝文活動

此外，CITY CAFE 也經常舉辦都會藝文活動，提升藝術與人文情感。

服務策略（service）

CITY CAFE 的服務，由於有自動化設備的大力協助，因此，一杯咖啡的完成時間非常快，大約 30 秒～60 秒即可完成，顧客滿意度非常高。

二大成長策略

CITY CAFE 在 2024 年的成長策略，主要集中在下列 2 點：（註 2）

⑴大力開展精品咖啡的市場。

⑵導入新升級自動化設備，使咖啡更好喝，預計要投入 12 億元，更新全臺 6,900 店的設備。

透過此二大策略的啟動，統一超商預估將會從每年 3 億杯的咖啡銷售量，再向上成長至 3.5 億杯。

關鍵成功因素

總結來說，CITY CAFE 這 10 多年來快速成長與良好獲利的關鍵成功因素，可歸納為下列 6 點。

⑴ 平價（親民價格）

CITY CAFE 每杯價格僅為 45 元～60 元，大約為星巴克咖啡的 1/3 價格，可說非常平價，消費大眾與基層上班族，人人都喝得起。

⑵ 便利和普及

CITY CAFE 全臺有 6,900 個據點門市店，24 小時服務，帶給消費者很大的便利性，這也是成功要素之一。

⑶ 快速

CITY CAFE 大約一分鐘即可快速完成，交到消費者手中，不必等太久，滿足消費者「快」的需求。

⑷ 產品系列齊全

CITY CAFE 有三大系列產品，從夏天到冬天都能滿足顧客需求，對消費者來說既有特色又應有盡有。

⑸ 行銷宣傳成功

CITY CAFE 從 2007 年開始找 A 咖藝人桂綸鎂代言，成功打出都會上班族喝咖啡的時尚、特色、話題及需求，也證明其在行銷宣傳上的成功操作。

⑹ 好喝

CITY CAFE 口味或許沒有星巴克好喝，但差距也不大，甚至可以說兩者差不多。

（註 1）：此段資料來源，取材自 CITY CAFE 官網，並經大幅改寫而成。

（註 2）：此段資料來源，取材自聯合新聞網，並經大幅改寫而成。

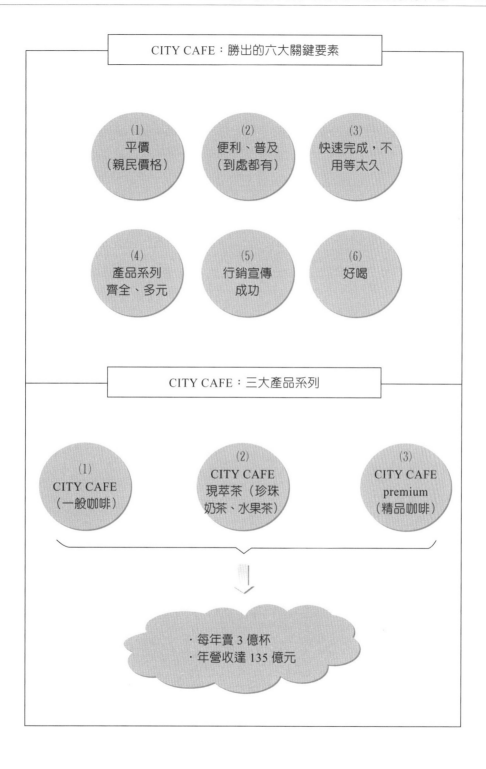

CITY CAFE：勝出的六大關鍵要素

(1) 平價（親民價格）

(2) 便利、普及（到處都有）

(3) 快速完成，不用等太久

(4) 產品系列齊全、多元

(5) 行銷宣傳成功

(6) 好喝

CITY CAFE：三大產品系列

(1) CITY CAFE（一般咖啡）

(2) CITY CAFE 現萃茶（珍珠奶茶、水果茶）

(3) CITY CAFE premium（精品咖啡）

・每年賣 3 億杯
・年營收達 135 億元

問·題·研·討

1. 請討論 CITY CAFE 的年營收額及市占率多少？
2. 請討論 CITY CAFE 的 slogan 為何？三大產品系列為何？
3. 請討論 CITY CAFE 的定價策略及通路策略為何？
4. 請討論 CITY CAFE 的推廣策略為何？
5. 請討論 CITY CAFE 的二大成長策略為何？
6. 請討論 CITY CAFE 的關鍵成功因素為何？
7. 總結來說，從此個案中，您學到了什麼？

個案44 case forty-four

麥當勞

國內第一大速食業行銷成功祕訣

　　麥當勞是全球第一大速食業，在 100 個國家設立 3.6 萬家門市店，2017 年 6 月，臺灣麥當勞將股權賣給臺灣本土的國賓集團，由它取得臺灣地區麥當勞的經營管理權。

通路策略

　　迄今為止，臺灣麥當勞在臺灣成立了 400 家連鎖店，大部分為直營店，少部分為加盟店；目前為國內最大速食連鎖店，遙遙領先肯德基、摩斯漢堡及漢堡王等競爭對手。400 家連鎖店遍布在六大都會區，對消費者而言非常便利。

　　此外，除實體店面外，麥當勞也提供網路訂餐及電話訂餐 2 種方式，更方便消費者訂購。

產品策略

　　麥當勞的產品策略非常多元化，包括漢堡、飲料及咖啡三大品類。

　　根據該公司官網顯示，計有如下產品（註 1）。

⑴ **漢堡（主餐）、附餐**

　　①蕈菇安格斯黑牛堡；②辣脆雞腿堡；③嫩煎雞腿堡；④凱撒脆雞沙

拉；⑤大麥克；⑥雙層牛肉吉事堡；⑦吉事漢堡；⑧麥香雞；⑨麥克雞塊；⑩麥香魚；⑪陽光鱈魚堡；⑫黃金起司豬排堡；⑬黃金蝦堡；⑭蘋果派；⑮薯條；⑯玉米濃湯。

(2) **飲料**

①可口可樂；②柳橙汁；③冰紅茶；④冰綠茶；⑤雪碧；⑥冰淇淋；⑦蜂蜜奶茶。

(3) **咖啡**

①義式咖啡；②黑咖啡；③摩卡咖啡；④拿鐵咖啡；⑤卡布奇諾咖啡。

從上述品項來看，麥當勞的產品非常豐富、多元、多樣、齊全，消費者可以有很多選擇，顧客的需求也可以得到滿足。

定價策略

麥當勞的定價策略，算是中等價位策略，適合一般上班族及家庭消費。大致而言，麥當勞的一餐消費額，大致在 70 元～150 元之間，價位不算很高，因為它是屬於速食類產品，必須在中等價位，消費者才會去買。

品質保證策略

麥當勞也屬於餐飲行業，因此必須特別注意食安問題與品質保證問題。麥當勞來臺30多年來，並未出過太大的食安問題，這是難能可貴的。

麥當勞內部有一套嚴謹的品質管理與品質保證標準作業流程。麥當勞嚴選供應商，並有數百項檢驗流程，主要堅持做到下列五大項（註2）：

(1)精選全球食材。
(2)看見安心味道。
(3)吃出營養均衡。
(4)承諾產銷履歷。
(5)安心滿分保證。

推廣策略

臺灣麥當勞非常擅長做行銷宣傳，每年投入至少 3 億元的鉅額行銷預算，這種金額在業界是非常大的，至少在前十大廣告主之內。

綜合來說，臺灣麥當勞的推廣操作策略，主要有以下幾種。

(1) 電視廣告投放

由於麥當勞的顧客群非常多元，有學生、小孩、媽媽、上班族、有男有女，因此，電視廣告成了最適當的投放媒體，因為電視的廣度夠，又有影音效果，因此，每年麥當勞至少花費 3 億元在電視廣告播放上。至於電視廣告片的創意訴求，以下列 5 項為主要內容：

① 訴求好吃的頂級牛肉。
② 訴求如何做出好吃的漢堡，增加想吃的欲望。
③ 訴求如何檢驗，為食安把關，增加信賴度。
④ 訴求新開發產品上市宣傳。
⑤ 訴求代言人上場的吸引力。

(2) 網路、社群、行動廣告

除了電視廣告外，由於麥當勞的消費族群（Target Audience, TA）仍以年輕族群居多，因此，廣告量也會下一部分比例在 FB、IG、YouTube、LINE、Google 等網路、社群及行動媒體上，希望達到傳統及數位媒體廣告的最大曝光量與品牌效果。

(3) 促銷

麥當勞也非常重視各式各樣的促銷活動，例如：早餐組合優惠價、麥當勞報報（APP）的優惠券、點點卡的紅利集點，以及買 1 送 1 的大型促銷活動。

(4) 公車戶外廣告、新產品記者會等各種輔助推廣活動

服務策略

麥當勞是服務業，也高度重視各種對消費者的服務，包括：(1)24 小時營業；(2) 得來速（開車取餐）；(3)24 小時歡樂送；(4) 網路訂餐；(5) 手

機滿意度調查填問卷等，都是讓消費者感到貼心與滿足的服務措施。

公益策略

臺灣麥當勞也於 1997 年成立「麥當勞叔叔之家慈善基金會」，推出多項對兒童關懷、兒童友善醫療與健康的照顧活動，並廣徵志工參與。

關鍵成功因素

總結來說，臺灣麥當勞 30 多年來，一直成為消費者簡單吃速食的首選，主要可歸納為以下 6 點關鍵成功因素。

⑴ 產品系列多樣化、好吃、不斷求新求變

麥當勞從早期的大麥克、麥克雞塊，發展到今天更多樣化的各式口味漢堡，求新求變並不斷豐富產品系列。

⑵ 全國店數最多

麥當勞在全國有 400 家店，在大都會區算是普及的，可以方便消費者看到麥當勞門市店，並進入購買，而且不用走太遠。

⑶ 大量廣告投放與行銷宣傳成功

麥當勞年營收額夠大，因此每年有能力拿出 1.5 億元，在傳統媒體及數位新媒體大量投放廣告；廣告片的製作及創意也很吸引人，因此，帶來不錯的曝光效果，鞏固了不少人對麥當勞的忠誠度，也使回購率提高，更加穩固每年的業績量。

⑷ 價位中等

麥當勞雖不是低價食品，但其中等價位使大部分人覺得 CP（性價比）值不錯，因而願意前去消費。

⑸ 最早先入市場

麥當勞在 1980 年代即進入臺灣市場，算是在 30 多年前就進入臺灣速食市場，此種既有印象與早入優勢，也是它的成功要素之一。

⑹ 品質良好，無食安事故

　　麥當勞非常重視食安問題，30多年來，沒有發生牛肉或漢堡壞掉的食安問題，這也是麥當勞經營事業的嚴謹要求。

（註1）及（註2）：此部分資料，取材自臺灣麥當勞官網，並經大幅改寫而成。

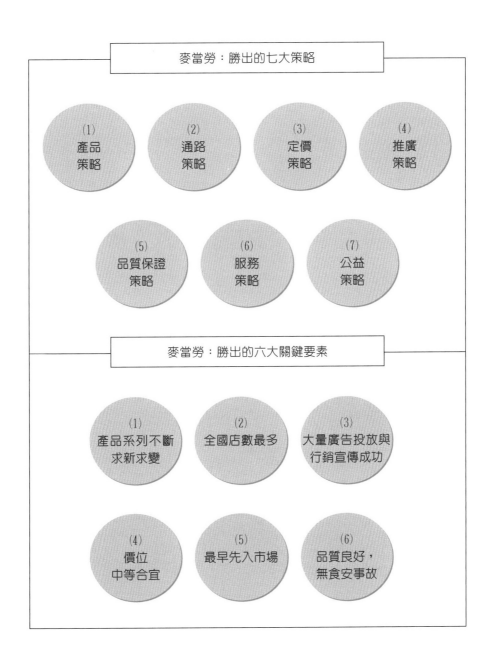

問・題・研・討

1. 請討論麥當勞的通路、定價與產品策略為何？
2. 請討論麥當勞的推廣與服務策略為何？
3. 請討論麥當勞勝出的六大關鍵要素為何？
4. 總結來說，從此個案中，您學到了什麼？

個案45 case forty-five

好來牙膏

- -

牙膏市場第一品牌的行銷成功祕訣

市占率第一，銷售東南亞市場

好來牙膏，係屬於好來化工公司旗下的知名品牌，該公司成立於1930 年代的中國上海，後來遷移來臺，是迄今已有 90 多年歷史的長青品牌。好來牙膏的銷售地區擴及臺灣、中國、香港、越南、泰國、印尼、新加坡、馬來西亞等國，算是一個跨國企業。好來牙膏在臺灣的市占率居第一位，在中國的市占率也高居第二位，非常不容易。

根據波仕特線上市調網的國人慣用牙膏品牌排名，顯示好來牙膏占32%、高露潔占 21%、舒酸定占 12%、牙周適占 4%、德恩奈占 3%、無固定品牌占 18%、以及其他品牌占 6%。（註 1）

產品策略

歷經 90 多年的發展歷史，好來牙膏的產品系列已非常完整、齊全且多元，包括以下 6 種主要系列：（註 2）

(1)超氟系列（強化琺瑯質系列）。

(2)全亮白系列（有多種不同口味）。

(3)抗敏感系列。

(4)茶倍健系列。

⑸專業護齦系列。

⑹寶貝兔系列。

好來牙膏產品主要以清新口氣、亮白牙齒、抗敏感、心情快樂等四大功能與消費者利益為訴求，獲得消費者的肯定與高滿意度。

定價策略

好來牙膏的定價策略，相較於競爭品牌，是屬於親民的平價策略。作者本人曾赴全聯記錄下列四大品牌商品定價：

⑴好來全亮白：一支 75 元。

⑵Crest（美國進口）：一支 189 元。

⑶高露潔：一支 105 元。

⑷舒酸定：一支 160 元。

顯然好來牙膏是最平價的，因此獲得廣泛消費大眾青睞。

通路策略

好來牙膏由於長期以來都位居領導品牌，因此，在通路上架都不是問題，而且還擁有很好的黃金陳列位置及空間，讓消費者很好拿取。

好來牙膏的行銷據點非常綿密，包括：

⑴超市：全聯超市（1,200 個據點）、頂好超市（200 個據點，2019年已被家樂福收購）、美廉社超市（800 個據點）。

⑵量販店：家樂福、大潤發、愛買。

⑶便利商店：統一超商（6,900 個據點）、全家（4,200 個據點）、萊爾富（1,400 個）、OK（800 個）等。

⑷藥妝店：屈臣氏（500 個據點）、康是美（400 個據點）、寶雅（350 個據點）。

至於在網購方面，則有下列六大網購通路：momo、PChome、雅虎、蝦皮、樂天、生活市集等。

由於虛實通路很多地方都買得到好來牙膏，因此，對大眾消費者而言是非常便利的。

推廣策略

好來牙膏的行銷，可以說做得非常成功，因此使它能成為第一品牌。它在推廣操作方面，主要有以下幾項。

(1) 代言人行銷

好來牙膏很擅長代言人的操作方式，過去幾年來，陸續用了趙又廷、楊丞琳、盧廣仲、楊謹華、陶晶瑩、高圓圓、田馥甄及迪麗熱巴等一線知名藝人代言，效果不錯，帶給好來牙膏更好的印象及品牌忠誠度。

(2) 電視廣告

好來牙膏投入大量電視廣告的播放，每年大約投入 8,000 萬元的電視廣告預算，打出很大的廣告聲量，也使品牌曝光度達到最大，幾乎一年四季都看得到好來牙膏的廣告。

(3) 網路、社群廣告

好來牙膏為了避免品牌老化及爭取年輕世代，也每年投入 2,000 萬元在網路、社群及行動廣告上曝光。可以說是傳統媒體及數位媒體雙管齊下，打中所有的消費族群。

(4) 戶外廣告

好來牙膏也在輔助媒體上下了一些廣告量，例如：公車廣告、捷運廣告、大型看板等戶外廣告，希望達到鋪天蓋地的宣傳效果。

(5) 記者會

好來牙膏每次有新產品上市或是新代言人時，總會舉辦大型記者會，希望透過各式媒體的報導與曝光，增加品牌露出的聲量及品牌的深度。

(6) 促銷

好來牙膏經常使用的就是買 2 支會有特惠價格，以及配合大型零售商的節慶活動，會有相應的打折活動。

關鍵成功因素

總結來看，好來牙膏能夠長期擁有高市占率，並成為領導品牌，它的

關鍵成功要素有如下 6 點。

(1) 長青品牌優勢及不斷求新求變

好來牙膏擁有 90 多年長青品牌的優勢，加上它能夠不斷求新求變，因此，始終領先不墜。

(2) 產品系列多元、齊全

好來牙膏的產品系列相當多元、齊全，能夠滿足各種不同消費者的需求，掌握最大的消費族群。

(3) 行銷預算多，強打電視廣告聲量大

由於好來牙膏市占率最高、營業額也最大，因此有能力撥出一定金額的電視廣告預算，強打電視廣告的曝光，持續深耕在消費族群心目中的品牌印象。

(4) 代言人多元化，具新鮮感

好來牙膏幾乎每年就換一個當下最紅的一線藝人為代言人，使消費群眾感到新鮮與好感，加深品牌印象。

(5) 通路密布，購買方便

好來牙膏通路上架密布在各種型態的賣場，據點也超過 10,000 個，對消費者有方便性，而且其陳列位置及空間都是最好的。

(6) 顧客忠誠度高，回購率高

90 多年的好來牙膏，已累積出不少高忠誠度的使用者及回購率高的消費族群，這群人足以穩固它的基本營收額。

（註 1）：本段資料來源，取材自波仕特線上市調網，並經改寫而成。
（註 2）：本段資料來源，取材自好來牙膏官網，並經改寫而成。

好來牙膏：六大關鍵成功要素

(1)
長青品牌優勢，及不斷求新求變

(2)
產品系列多元、齊全，應有盡有

(3)
行銷預算多，強打電視廣告聲量大

(4)
代言人多元化，具新鮮感

(5)
通路密布，購買方便

(6)
顧客忠誠度高、回購率高

好來牙膏：推廣操作

(1)
代言人行銷

(2)
電視廣告（TVCF）

(3)
網路、社群、行動廣告

(4)
戶外廣告

(5)
記者會

(6)
促銷、打折優惠

問・題・研・討

1. 請討論好來牙膏的銷售國家及臺灣的市占率為何？
2. 請討論好來牙膏的產品、定價、通路之策略為何？
3. 請討論好來牙膏的推廣策略為何？
4. 請討論好來牙膏勝出的關鍵成功因素為何？
5. 總結來說，從此個案中，您學到了什麼？

個案46　case forty-six

專科

黑馬崛起的保養品

「專科」是資生堂旗下的一個品牌，在日本也是開架式保養品中的領導品牌；專科進入臺灣市場後，像黑馬崛起般，受到不少年輕女性消費族群的歡迎與購買。它的正式名稱為「洗顏專科」（Senka）。

產品策略（product）

歷經 10 多年的發展，專科品牌的產品系列已更加多元、完整、齊全，根據該品牌官網顯示，有如下 7 種產品系列：（註 1）

⑴洗臉系列（洗面乳）。

⑵卸妝系列。

⑶保養系列。

⑷防曬系列。

⑸純白系列。

⑹面膜系列。

⑺多效合一系列。

上述各種保養功能的產品系列都有，非常便於女性消費者選購。

價格策略（price）

「專科」品牌不是百貨公司專櫃的高價產品，而是陳列在美妝連鎖店的開放式產品，因此，採取平價策略，價格相當親民，大致價格每項在100元～240元之間，可說非常便宜，很適合年輕的小資女上班族保養選購之用。

通路策略（place）

「專科」的通路上架策略，主要有幾種：

(1)最重要、占比最高的就是美妝、藥妝連鎖店，包括：屈臣氏（500家店）、康是美（400家店）、寶雅（350店）等。

(2)次要的則是超市，包括：全聯（1,200店）；以及量販店，如：家樂福（70店）、大潤發（25店）等。

(3)另外，在網購通路則有前七大網站，包括：momo、PChome、雅虎奇摩、蝦皮、生活市集、樂天及東森購物等7家大型網購公司，均有販售專科系列產品。

推廣策略（promotion）

「專科」算是很會行銷的品牌，來臺才幾年，就能在10幾種保養品中，打出高知名度及高形象度，確實不易。其主要推廣策略，包括下列各項。

(1) 代言人成功

「專科」這幾年來，採用了2位一線知名藝人，一是楊丞琳，二是許瑋甯。這2位藝人都是具高知名度、形象良好、膚質很好、個人特質也與專科的特色及定位極其相符者，因此產生很好的代言效果。

(2) 大量電視廣投放

「專科」每年都投入4,000萬元強打電視廣告的曝光，給品牌帶來極大的廣告宣傳聲量；幾年下來，也進入平價一線保養品品牌之列。

(3) 網路、社群、行動廣告投放

由於「專科」的目標消費族群都屬於較年輕的小資女上班族，因此，也必須將廣告投放在網路、社群及行動媒體上，才能精準觸及。

(4) 公車、捷運、大型看板

在戶外廣告方面，「專科」也會在公車廣告、捷運廣告、大型看板廣告做一些投放，作為輔助宣傳之用。

(5) 促銷

另「專科」也會配合各大零售賣場，在各種週年慶、年中慶、母親節、春節等活動中，做一些折扣促銷活動以吸引買氣。

(6) 體驗活動

「專科」於週六、日也會在人群集聚的各大商圈做一些戶外品牌體驗活動，讓更多小資女有體驗的機會，以及認識此品牌的功效。

(7) 記者會

「專科」在新品上市或新代言人出來時，都會舉辦大型記者會，以做好各大平面、網路的新聞媒體報導，拉高品牌知名度。

關鍵成功因素

「專科」保養品的迅速崛起，其成功關鍵因素，可歸納為下列 6 點。

(1) 來自日本品牌，品質佳

「專科」為日本進口品牌，國人一向有「日本品牌就是好產品」的觀念，因此，也認為專科就是良好的日本原產地保養品牌。

(2) 大量行銷預算投入

「專科」是日本第一大化妝保養品資生堂公司的旗下品牌，由於是日本知名大公司，因此，每年有大量行銷宣傳預算的投入，這對專科品牌知名度及形象度的打響，大有助益。

⑶ 代言人成功

「專科」選中的 2 位代言人——楊丞琳及許瑋甯，都是非常合適的代言人，成功強化了專科保養品的功效及感受。

⑷ 平價

「專科」雖是日本品牌，但是卻沒有日本產品的高價格，反而非常平價，尤其，在目前年輕人薪資普遍低落的環境下，深受年輕上班族與日系產品愛好者的喜歡。

⑸ 效果好，口碑佳

「專科」雖然平價，但是在品質及功效方面卻表現不錯，使用過的消費者，都有不錯的口碑效果。

⑹ 上架普及，方便購買

「專科」由於是知名資生堂公司的品牌，加上它投入大量宣傳廣告，因此，它都能上架到主流的美妝連鎖店、超市、量販店及網購公司，普及上架也方便消費者購買。

（註 1）：本段資料來源，取材自「專科」保養品官網，並經大幅改寫而成。

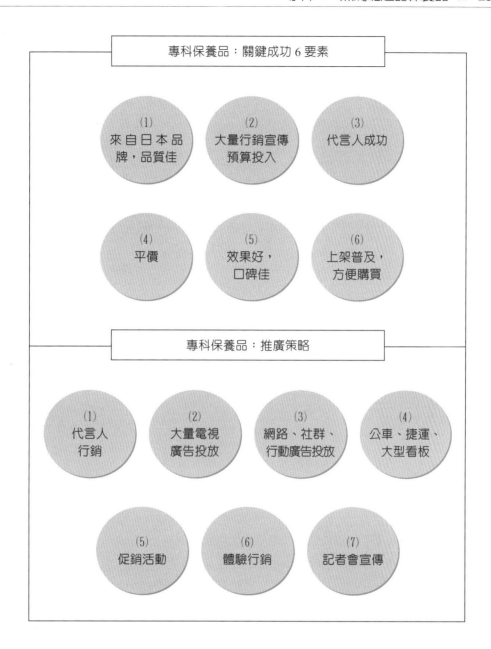

專科保養品：關鍵成功 6 要素

(1) 來自日本品牌，品質佳

(2) 大量行銷宣傳預算投入

(3) 代言人成功

(4) 平價

(5) 效果好，口碑佳

(6) 上架普及，方便購買

專科保養品：推廣策略

(1) 代言人行銷

(2) 大量電視廣告投放

(3) 網路、社群、行動廣告投放

(4) 公車、捷運、大型看板

(5) 促銷活動

(6) 體驗行銷

(7) 記者會宣傳

問・題・研・討

1. 請討論「專科」保養品的產品、定價及通路策略為何？
2. 請討論「專科」保養品的推廣策略為何？
3. 請討論「專科」保養品的關鍵成功因素為何？
4. 總結來說，從此個案中，您學到了什麼？

個案47　case forty-seven

雅詩蘭黛
中高價位化妝保養品的領導品牌

百貨公司專櫃第一品牌

根據百貨公司的統計顯示，雅詩蘭黛與 SK-II 並列為百貨公司賣得最好的中高價位化妝保養品牌。目前，百貨公司的前十大品牌依序是：(1)雅詩蘭黛；(2)SK-II；(3)CHANEL；(4)Dior（迪奧）；(5)蘭蔻；(6)資生堂東京櫃；(7)sisley；(8)La Mer（海洋拉娜）；(9)Kiehl's（契爾氏）；(10)資生堂國際櫃。

雅詩蘭黛是全美第一大化妝保養品牌，在全球則為第一大化妝保養品集團，僅次於法國萊雅（L'Oréal）集團。

目標消費族群（TA）

雅詩蘭黛鎖定的目標消費族群（Target Audience, TA），主要是年齡35歲～49歲的熟女族群、中高所得的女性上班族群、都會區、高學歷者。

產品策略與定價策略

雅詩蘭黛的產品系列非常完整齊全，主要有保養系列、彩妝系列及香水系列等 3 種。其定價策略亦屬中高價策略，並非極高價的奢侈彩妝品牌。

以暢銷產品來說，特潤超導修護露每瓶定價在 2,500 元～3,800 元之間；另一款年輕肌密無敵露定價則為每瓶 3,900 元；粉底每盒為 1,900 元；唇膏每條為 1,500 元。

通路策略

雅詩蘭黛的銷售通路主要有五大管道，分述如下。

⑴ 百貨公司

百貨公司是雅詩蘭黛最主力的銷售管道，占比高達 80%，幾乎年營收的八成收入都來自百貨公司。其中又以百貨公司的週年慶、年中慶、秋季化妝品節等三大節慶的銷售量居最多。百貨公司則包括：新光三越 19 個分館、SOGO 百貨 9 個分館、遠東百貨 12 個分館，以及統一時代百貨、高雄漢神百貨、臺中中友百貨、大遠百、台茂購物中心、比漾廣場、大葉高島屋百貨等，均設有專櫃。

⑵ 官網

雅詩蘭黛的官網也兼有網路訂購功能，價格稍微便宜一些，占比約為 10%。

⑶ 網購

在 momo、PChome、雅虎、蝦皮等四大購物網，亦都可以買到雅詩蘭黛的彩妝保養品，非常方便。目前占比也為 10%。

⑷ 美妝店

主要為屈臣氏的 500 家連鎖店，占比為 10%。

⑸ 機場免稅店

機場免稅店亦有販售雅詩蘭黛彩妝品，也有折扣優惠價。

推廣策略

雅詩蘭黛的推廣策略，近年來，依美國總公司的指示，有轉向數位行銷的趨勢，其主要推廣操作項目如下。

⑴ 電視廣告

雅詩蘭黛每年在重大促銷節慶前總會播放電視廣告，藉以提醒消費者。電視廣告片都是採用美國版本，而不是在地化的廣告片。

⑵ 網路、社群、行動廣告

為了避免品牌太過老化，及目標顧客群輕熟女化，雅詩蘭黛亦提撥50%的行銷預算，在 FB、IG、YouTube、LINE、Google、彩妝網站等處投放廣告，以吸引年輕族群的目光及品牌好感度。

⑶ 時尚女性雜誌廣告

此外，在傳統媒體上，時尚雜誌也是刊登廣告的必要媒體。

⑷ 節慶促銷

百貨公司的週年慶促銷，是全年度最大的銷售時機，幾乎占了全年度30%的高營收，每家彩妝品牌都大力準備這些節慶。

⑸ 經營社群粉絲群

雅詩蘭黛近幾年來也投入較多專業人力及預算，深入經營社群媒體的粉絲群，以養成更多忠誠的鐵粉。

⑹ 櫃姐獎金制度

櫃姐的獎金制度也關乎銷售業績的好壞，因此，雅詩蘭黛訂定了具有激勵性的業績獎金制度。

關鍵成功因素

歸納來說，雅詩蘭黛能成為百貨公司最大的彩妝保養品領導品牌，其主要因素有下列幾項。

⑴ 美國第一大品牌的加持

雅詩蘭黛為全美第一大、全球第二大彩妝品牌，此種知名品牌的加持力道，使得臺灣雅詩蘭黛專櫃能站在比較有利的市場上競爭。

(2) 專櫃人員訓練佳、素質佳

雅詩蘭黛對專櫃人員的培訓，秉持外商公司具制度化且嚴格的教育訓練，因此，打造出一支具有高效能銷售作戰的專櫃團隊，獲得顧客的好評，亦是成功因素之一。

(3) 產品力強，彩妝護膚效果佳

雅詩蘭黛美國總部有很強大的保養品研發團隊，長期下來都能站在顧客角度及需求上，研發出有效果的化妝及保養品，贏得顧客好評，並解決他們的困擾，維持及增強他們的美好膚質亮麗。

(4) 擁有一群高黏著度的愛用者

雅詩蘭黛來臺已 20 多年了，這麼多年來，養成一群高黏著度的使用者及愛用者，也可說是一群忠誠的鐵粉。這群 TA 也足夠維持它在百貨公司銷售上的第一名成績。

(5) 廣告力足夠

雅詩蘭黛雖為第一品牌，但它也不忽略廣告宣傳的必要投入及投資。每年至少投入 5,000 萬元以上在傳統媒體及數位媒體的廣告投放，以維持一定聲量的廣告曝光及品牌印象的鞏固。

(6) 價格中高價，並非極高價，顧客尚可接受

雅詩蘭黛的產品，一般大致在 1,900 元～5,000 元之間，對熟女族群而言，並非如某些歐洲奢侈彩妝品牌般高價（5,000 元～10,000 元），因此，這群目標顧客的經濟能力認為尚可接受，不會覺得太貴，而那些奢侈彩妝品牌只能賣給貴婦及明星藝人。

(7) 通路普及與好位置

雅詩蘭黛在各大百貨公司均能爭取到最佳位置的櫃位，有利銷售；此外，在其官網也能購買，增加了顧客方便性。

市場產值達 1,000 億元以上

根據統計顯示，國內內需及出口的彩妝和保養品，每年產值高達 1,000 億元以上規模，市場規模頗大，國內競爭品牌即達 20 多種以上，

其主要品項包括：乳液、面霜、化妝水、口紅、眼影、粉底、卸妝水、香水、面膜、睫毛膏等幾十種之多，其中又以保養品比重最高，高達六成之多，其次為彩妝品的三成。

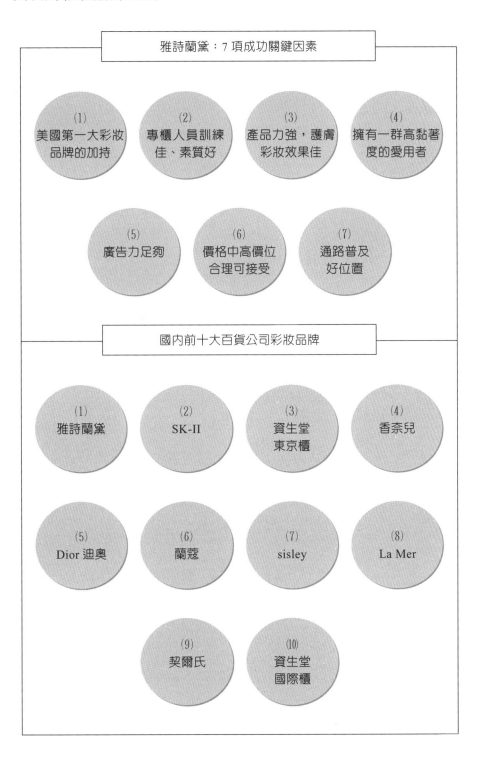

問·題·研·討

1. 請討論國內彩妝及保養品市場規模多大？雅詩蘭黛在百貨公司的銷售排名為多少？
2. 請討論雅詩蘭黛的 TA 對象為何？其產品與定價策略為何？
3. 請討論雅詩蘭黛的通路策略及推廣策略為何？
4. 請討論雅詩蘭黛的成功關鍵因素為何？
5. 總結來說，從此個案中，您學到了什麼？

個案48　case forty-eight

花王 Biore

國內保養品第一品牌的行銷策略

　　「花王 Biore」是國內開架式保養品的第一品牌，領先露得清、專科、肌研、歐蕾、曼秀雷敦、高絲、DR.Wu 等諸多品牌。國內百貨公司專櫃及藥妝店開架式保養品的一年產值超過 1,000 億元，是很大的市場。

產品策略

　　日本花王集團自 1887 年創業至今已有 130 多年歷史，日本花王的經營理念，就是經由創造革新性的技術，實現消費者與顧客的滿足，並帶給大眾更豐富與更美好的人生。（註 1）

　　根據臺灣花王的官方網站，顯示花王 Biore 品牌的產品品項大致有以下 9 項：（註 2）

　　⑴洗面乳（深層、抗痘）。

　　⑵卸妝油、卸妝乳。

　　⑶防曬乳。

　　⑷妙鼻貼。

　　⑸潔顏淨巾。

　　⑹沐浴乳。

　　⑺洗手乳。

　　⑻溼紙巾。

(9)排汗爽身乳。

花王 Biore 品牌的保養品系列，可以說非常多元、齊全、完整，對保養品來說有一站購足的效果，因此，足以滿足消費者的需求。

定價策略

根據作者本人親自在屈臣氏觀看的結果，花王 Biore 的每項產品定價，大約在 150 元～350 元之間，可以說非常平價；很適合上班族消費者的需求，也算是有很高的CP值。相對於百貨公司專櫃品牌平均價格 1,000 元～3,000 元的保養品，差價是很大的。

通路策略

花王 Biore 保養品的銷售通路，主要有以下 5 種。

(1) 連鎖藥妝店、生活美妝店

例如：屈臣氏（500 店）、康是美（400 店）、寶雅（350 店）等，占 30% 銷售量。

(2) 超市

例如：全聯（1,200 店）、頂好（200 店，2019 年已被家樂福收購）等，占 30% 銷售量。

(3) 量販店

例如：家樂福、大潤發、愛買等，占 10% 銷售量。

(4) 便利商店

例如：統一超商、全家、萊爾富、OK 等，占 20% 銷售量。

(5) 網購通路

例如：momo、蝦皮、PChome、雅虎奇摩等，占 10%。

推廣策略

花王 Biore 品牌的推廣策略，主要有以下幾種。

⑴ 代言人

過去以來，花王 Biore 保養品採用的代言人，包括：林依晨、楊丞琳、侯佩岑、彭于晏、孟耿如、周渝民、陳意涵、周湯豪及日本女性藝人等，這些都是一線 A 咖、高知名度且形象良好的藝人，可爲花王 Biore 帶來有好感的品牌印象及高知名度。

⑵ 電視廣告

花王 Biore 品牌投放在電視廣告的預算金額，每年大約有 6,000 萬元之多，其產生的曝光率及聲量非常足夠。

⑶ 網路、社群、行動廣告

此外，對新媒體的投放，每年至少也在 2,000 萬元以上，例如：FB、IG、YouTube、LINE、Google、新聞網站、美妝網站、雅虎入口網站等，也都有投放廣告。

⑷ 品牌概念店

花王 Biore 在臺北市設立一家品牌概念店，足以彰顯品牌的氣度及影響力。

⑸ 體驗行銷

花王 Biore 也會與屈臣氏合辦店內使用的體驗行銷活動，以吸引更多潛在顧客。

⑹ 公車廣告、影城廣告、捷運廣告等輔助媒體上也會看到花王 Biore 的品牌印象

關鍵成功因素

花王 Biore 在 10 多個保養品牌競爭中能夠脫穎而出，長期以來，長保第一品牌的領導地位，主要有下列 7 項關鍵成功要素。

⑴ 平價、親民價格

花王 Biore 在開架式保養品中，以非常親民的價格，深受年輕上班族群的高度喜愛及歡迎，實屬大眾化產品，此為關鍵成功要素之一。

⑵ 品質不錯，效果好

如果只是平價，但產品力不夠的話，產品也不能夠長銷；因此，花王 Biore 產品具有不錯的品質與保養皮膚良好效果的產品力，這是它能長銷的基本支柱。花王集團在這方面的研發算是成功的。

⑶ 通路普及，方便購買

花王 Biore 是第一品牌，因此在各大型連鎖通路中都能順利上架，而且都享有很好的陳列位置及足夠的陳列空間；此種通路普及密布，對消費者自是十分方便購買。

⑷ 產品線多元、齊全、一站購足

花王 Biore 有相當多元、齊全、完整的產品系列，具有一站購足的方便性。

⑸ 在地化成功

花王 Biore 雖然是日本品牌，但是它在成分內容、功效功能等方面，都能因應臺灣地區的氣候及消費者膚質狀況，機動調整與研發創新，在行銷方面也改為在地行銷，因此，在地化相當成功。

⑹ 滿足顧客需求，不斷求進步

花王 Biore 的基本經營理念，就是一切從顧客的觀點及需求，思考如何加以充分滿足消費者，而不斷追求更進步、更創新、更有效果的產品力。

⑺ 行銷宣傳成功

花王在日本就是一家很會行銷的公司，不論是花王品牌或 Biore 品牌，在日本及臺灣都宣傳出很好的企業形象與品牌好印象，花王可以說是這方面的行銷高手。因此，好的產品力＋好的行銷力＝好的業績力。

（註 1）與（註 2）：此部分取材自臺灣花王官網，並經大幅改寫而成。

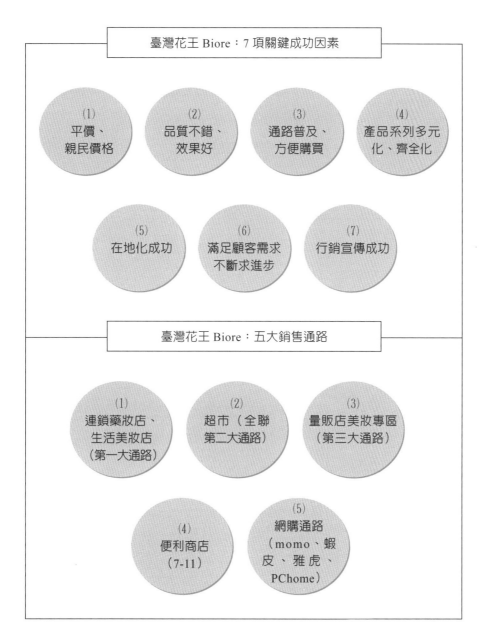

臺灣花王 Biore：7 項關鍵成功因素

(1) 平價、親民價格

(2) 品質不錯、效果好

(3) 通路普及、方便購買

(4) 產品系列多元化、齊全化

(5) 在地化成功

(6) 滿足顧客需求不斷求進步

(7) 行銷宣傳成功

臺灣花王 Biore：五大銷售通路

(1) 連鎖藥妝店、生活美妝店（第一大通路）

(2) 超市（全聯第二大通路）

(3) 量販店美妝專區（第三大通路）

(4) 便利商店（7-11）

(5) 網購通路（momo、蝦皮、雅虎、PChome）

問·題·研·討

1. 請討論花王 Biore 的產品策略及定價策略為何？
2. 請討論花王 Biore 的通路策略為何？
3. 請討論花王 Biore 的推廣策略為何？
4. 請討論花王 Biore 第一品牌的關鍵成功因素為何？
5. 總結來說，從此個案中，您學到了什麼？

第二篇

他山之石——

國外知名企業
策略管理個案

（19 個個案）

個案 1 case one

象印

日本電子鍋王的經營祕訣

日本市占率最高的電子鍋

日本象印 2024 年營收為 853 億日圓（約臺幣 230 億元），本業的營業淨利率達 9.2%，勝過第二名市占率 Panasonic 的 4.8%，象印品牌在日本國內市占率高達 27%，該公司的電子鍋銷售占比達四成。

日本象印於 2002 年正式在臺灣成立台象公司，提供消費者舒適、方便、幸福的家庭優質生活。

「日本象印自 1918 年，在日本大阪成立，秉持科技創新、生活創意的研發精神，不斷開發多項便利與實用的生活科技商品，例如：IH 電磁加熱式電子鍋、VE 真空保溫電熱水瓶、不鏽鋼保溫杯，在日本、臺灣及全球各地均奠定領導品牌地位。」（註1）

日本象印主要產品系列，包括：電子鍋、熱水瓶、保溫杯、製麵包機、兒童用商品、萬用鍋、燒烤組、咖啡杯，象印使用最好等級的不鏽鋼材，做好 100% 食安要求。

以附加價值確保獲利

在面臨日本家電價格競爭激烈的時刻，象印都能以高附加價值以確保獲利。

象印認為自己不是家電業者，而是家庭用品業者，要優先考慮消費者家庭生活的便利性。

象印以優先做出烹調美味及方便好用的電子鍋產品，並達成顧客滿意度為核心理念。象印每年煮出 30 噸米飯，並舉辦試吃會，記錄其美味與 Q 彈數據，依據這些市調與試吃會數據，再進行新電子鍋產品的研發設計。

日本象印研發的三大依據核心，即是：(1) 美味；(2) 便利；(3) 減少顧客麻煩；這也是顧客滿意度的 3 項條件，如此才能獲得顧客的心。

舉辦百場試吃會，由顧客直接體驗

日本象印已有 100 年歷史，未來要維持營收及獲利成長，就要看中國及臺灣市場；現在，臺灣市場已居市占率第一位，但中國市場仍須再努力。

在中國市場，電子鍋仍由當地中國本土品牌居領導地位；象印在中國屬於定位在高價位的電子鍋產品，目前市占率仍低，但近 5 年來營收成長 2.5 倍，達 114 億日圓。

在中國，不少日系廠商砸錢做電視廣告，以求拉升品牌知名度，但象印卻很少採用媒體廣告。這幾年來，在中國各大百貨商場，已舉辦過 700 場展示體驗試吃會活動，經由現場實際烹調米飯料理，體驗到象印的高品質與好美味。

明確又簡單的策略

象印將研發重心放在提升顧客滿意度的美味及便利性上；市場行銷則放在體驗試吃活動上。象印雖非大企業，但卻能集中資源，做出明確又簡單的策略。

日本象印總公司社長市川典男認為：「家電是每天使用的商品，如何提升米飯美味這個基本功，才是勝出關鍵。如能做到這點，不必用低價競爭，消費者也會買單的。」

日本象印：美味與便利是勝出關鍵

(1) 美味 ＋ (2) 便利 ＋ (3) 減少顧客麻煩

日本電子鍋勝出關鍵

日本象印：舉辦 700 場展示體驗活動

舉辦 700 場展示體驗活動

體驗美味與高品質電子鍋

問·題·研·討

1. 請討論日本象印公司在日本的集團營收額多少？營業利益率多少？市占率多少？
2. 請討論日本象印將研發聚集在哪 3 個方向上？為什麼？
3. 請討論日本象印在中國市場為何不做電視廣告而做展示活動？
4. 總結來說，從此個案中，您學到了什麼？

個案 **2** case two

藏壽司

臺灣第一家上櫃餐飲日商經營策略

在臺上櫃的目的

2020 年 9 月，來自日本第二大壽司品牌「藏壽司」，已在臺掛牌上櫃，將成為首家在臺設立子公司並上櫃的餐飲日商。

藏壽司於 2014 年搶先來臺，到 2024 年，已在臺開店 50 家，年營收為 22 億元，獲利 1.1 億元，獲利率為 6%。

日本藏壽司總公司在臺灣成立亞洲藏壽司子公司，其董事長西川健太朗表示，在臺灣成立子公司並申請上櫃，主要目的是將以臺灣為據點，然後再拓展港澳及中國的大中華區市場，並預計在大中華區開出 200 家門市店，大舉擴增海外收入的成長性及占比。

日本藏壽司認為，臺灣是前進中國最好的跳板以及練兵場，要以臺灣經驗進軍中國，甚至未來進軍東南亞國家市場。

臺灣的亞洲藏壽司已與日本母公司簽訂授權契約，取得全亞洲地區的商標使用權。

此外，日本總公司也在美國成立子公司，並已在美國那斯達克交易所上市，目前美國分店數已達 25 家。

經營理念

日本藏壽司的經營理念是以「食的革新」（food revolution）為目

標，致力提供美味、安心、安全的產品，並在舒適有趣的用餐環境中，提供消費者獨特的用餐體驗。

該公司的經營理念主要有 3 項：

⑴對「美味」的堅持。

⑵對「安心」的堅持。

⑶對「舒適、有趣的用餐環境」之堅持。

產品多元化、多樣化策略

臺灣的藏壽司門市店，主要提供下列六大類多元化的商品，包括：

⑴壽司：干貝、鮮蝦、鮭魚、鮪魚、雞肉、豬肉、鰻魚、蟹肉、章魚、秋刀魚、花枝等口味的各種壽司；每盤定價為 40 元及 80 元。

⑵手捲。

⑶捲物。

⑷副餐：包括拉麵、烏龍麵、茶碗蒸、炸蝦、味噌湯、天婦羅、沙拉等；每碗定價為 60 元～130 元。

⑸飲料：每杯 60 元～90 元。

⑹甜點：每個 40 元～90 元。

四大營運策略方向

臺灣的藏壽司在上櫃報告書中，提出在臺灣的未來四大營運策略方向如下：

⑴持續穩定門市店營運。

⑵提高顧客滿意度。

⑶加速展店。

⑷擴大亞洲事業規模。

創新服務

日本藏壽司在日本位居第二大迴轉壽司業者，門市店數達 420 家，主要是以創新服務而聞名。在 1987 年率先導入 E 型迴轉臺；1996 年導入計

盤回收系統，之後又陸續導入自動報廢系統、扭蛋遊戲、觸控螢幕點餐、輸送帶；2011 年又導入保持食品鮮度及安全的系統，一路走來不斷開發深具獨創性且革新的諸多服務。

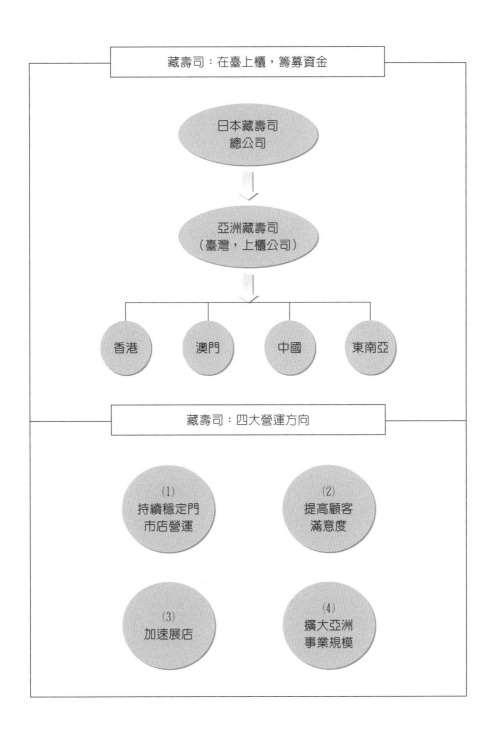

問·題·研·討

1. 請討論藏壽司在臺灣成立子公司及上櫃目的何在？
2. 請討論藏壽司的 3 項經營理念為何？
3. 請討論藏壽司有哪些多元化的產品系列？
4. 請討論藏壽司有哪四大營運方向？
5. 請討論藏壽司有哪些創新服務？
6. 總結來說，從此個案中，您學到了什麼？

個案3　case three

日本 TDK

提早布局，不畏淘汰

提早準備下一個新產品領域

日本電子零件大廠 TDK 的淺間科技工廠，正生產一種電流感應器的戰略商品，可應用在電動汽車及油電混合車，能測出電池剩餘容量，推估還有多少行駛距離。

TDK 在 2020 年營收達 1.4 兆日圓，雖然感應器只占 6% 營收，但未來被看好是核心主力產品。

TDK 成立於 1935 年，1970 年代曾是錄音帶的冠軍；1980 年代做硬碟機讀寫磁頭。TDK 總是趁著核心事業蓬勃發展時，即播種下一個世代新事業、新產品的種子。

併購全新領域

TDK 在發展下一世代新產品時，總會透過併購來涉足與自己毫無關聯的新領域，從而加速積極失去新事業。

TDK 加快腳步併購，自 2015 年起，即花費 2,000 億日圓，收購 5 家相關企業，正準備提供多種感應器作為解決方案。

沒有事業能持續到永遠

　　TDK 的石黑成直社長即表示：「經營團隊都必須有健康的危機意識，任何事業都不可能持續到永遠。作為企業管理高層，必須將對策有計畫的落實在行動上。」

　　目前經營團隊已開始尋找當前感應器的下一顆種子；2019 年 7 月，在美國矽谷成立的 TDK 創投公司，半年間已投資 4 家新科技公司，放眼未來 10 年的長期投資；TDK 就是要不斷尋找下一步出路在哪裡。

　　TDK 從 40 年前做錄音磁帶到做磁頭、做電池、做感應器等，不斷尋找未來事業出路及技術突破、創新。

　　TDK 總是秉持著危機感，提早布局，不畏世代淘汰，終而能夠持續被客戶需要！

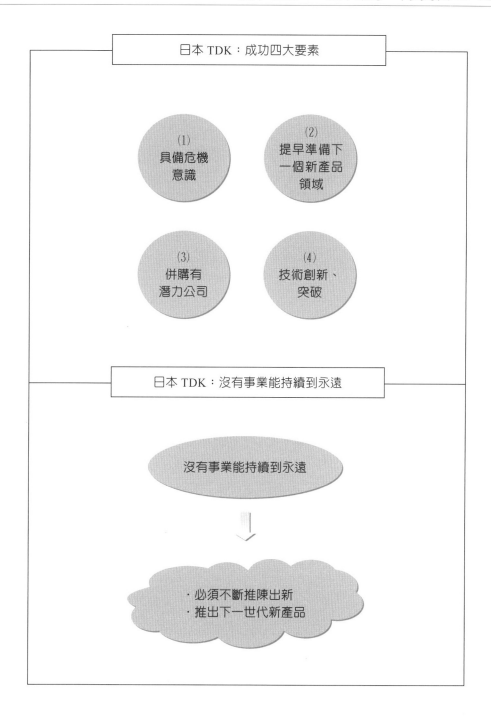

問·題·研·討

1. 請討論 TDK 公司成功的四大要素為何？
2. 請討論 TDK 如何提早布局，準備下一世代新產品？
3. 總結來說，從此個案中，您學到了什麼？

個案 4　case four

默克

長青企業 352 年的經營祕訣

公司簡介及經營績效

德國默克（Merck）集團成立於 1668 年，全球員工 5.6 萬人，2020 年營收為 148 億歐元，業務廣及 66 個國家。默克公司有三大事業體，分別是醫療保健、生命科學、特用材料等。默克的臺灣子公司成立於 1989 年，在臺北、桃園、新竹、高雄均有據點、研發中心、生產中心，臺灣本地員工有 1,000 人。默克公司 2006 年～2023 年的平均年成長率達 11%，為年年保持業績成長的好公司；默克可說是一家具有領導地位的科學與科技公司。

年年成長與長青祕訣

⑴ 積極併購他公司，持續拓展事業版圖

過去 12 年，默克展開大規模併購，三大事業體都有新布局，併購總金額超過 400 億歐元。例如：在 2019 年即花 60 億歐元，併購 2 家特用材料公司業者，以強化默克在這個領域的發展速度。

⑵ 將資源投注在最重要事業上

默克除了敢買，也敢賣，該公司只要確認哪些產品不再具有未來性、

發展性，或不符合集團定位方向，即使爲獲利企業，也敢於賣掉。

默克最大的信念，就是無論何時都要將資源投入現在及未來最重要與發展的核心事業上。

⑶ 以五大指標，評估研發專案價值

創新研發是默克的發展核心，2019 年一年研發費用即高達 21 億歐元。默克對每項研發專案都要用價值觀來評估，它的五大評估指標條件如下：

① 成功機會。
② 開發成本。
③ 商業效益。
④ 技術效益。
⑤ 上市時間點。

而在資源投入配置方面，有四成資源投入未來有機會居領先地位的創新產品；另四成投入目前居於領先地位的產品；最後二成則用在優化既有產品上。

默克也隨時檢視及檢討，若發現前景不明，就會勇於喊停，不再浪費投入資源。

⑷ 經營權及所有權分開

默克到 1995 年才有股票公開上市，上市後，家族持股占七成，另三成對外公開發行。

默克家族很早期就奉行企業的所有權及經營權分開，亦即它成立最上面的家族控股公司，由默克家族掌握；而旗下各主要公司則授權各公司董事會負責經營，亦即授權各專業經理人負責各公司營運。

結語

默克家族已到第十三代，仍貫徹永續經營價值觀，並完全授權各公司事業經理人負責，控股公司只負責監督任務，並且將公司公開上市，所有資訊透明化、市場化。如今，默克已創造出 350 多年的長青企業歷史，算是最古老級的大企業了。

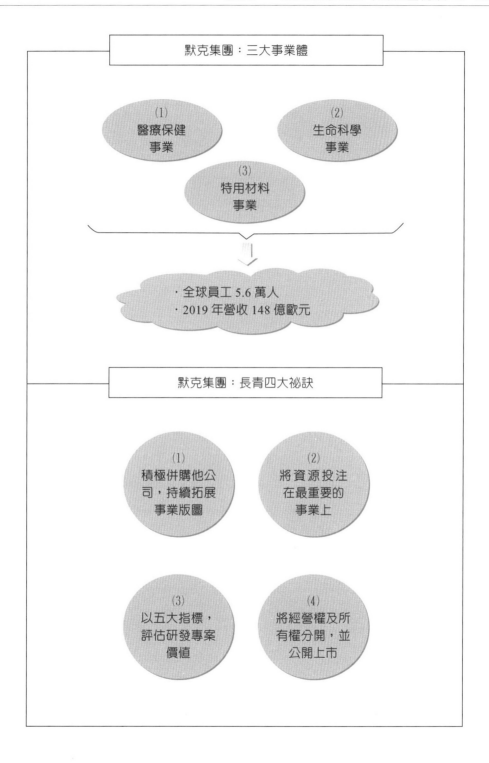

問・題・研・討

1. 請討論默克的公司簡介及經營績效為何？
2. 請討論默克透過大規模併購的目的為何？
3. 請討論默克對資源使用的最大原則為何？
4. 請討論默克對任何研發專案的五大評估指標為何？
5. 請討論默克家族將公司所有權及經營權分開的含義為何？
6. 總結來說，從此個案中，您學到了什麼？

個案 5　case five

LVMH

全球最大名牌精品龍頭

法國最值錢的企業

LV（路易威登）創立於 1854 年，迄今已有 170 多年歷史，總部設在法國巴黎，全球有 3,800 家專門店，年營收 306 億歐元（約臺幣 9,000 億元），全球員工有 12 萬人。

LVMH 精品集團旗下有五大系列產品，包括：(1) 時裝及皮革品；(2) 香水及化妝品；(3) 鐘錶及珠寶；(4) 紅酒及烈酒；(5) 機場免稅商品。其知名品牌有：LV、LOEWE、FENDI、CELINE、紀梵希、迪奧、嬌蘭、KENZO、軒尼詩洋酒、豪雅錶等。

LVMH 在巴黎股價節節高升，為法國股市市值最高的企業集團；它在北美、歐洲、亞洲的年營收，每年都呈現正成長趨勢。

LVMH 集團雖有卓越經營績效，但仍自身不斷求新求變及求進步，主要做法有「三化」，即年輕化、法國化、電商化，茲說明如下。

年輕化

LVMH 擁有 170 多年歷史，為避免品牌老化及形象老化，近年來也開始走年輕化路線，找知名年輕人做廣告宣傳模特兒。例如：曾找電玩大作《最終幻想 13》女主角雷光，身著 LV 服飾及手提包，出現在 LV 廣告

裡，這也是時尙界以電玩主角做模特兒的首例。LV 未來仍將持續找知名的年輕藝人或模特兒，作爲廣告代言人，以彰顯 LV 的品牌年輕化路線。

法國化

LV 產品屬於高單價奢侈品，但消費者仍願意買它，主因除了 LV 是知名品牌外，更重要的是，它具有高品質保障的「法國製造」（Made in France）之強烈印象及信賴感。最近，法國當地有不少企業裁員及外移，但 LV 卻在法國當地增加僱用 4,000 多人，其中 700 人爲製造人員。未來的 LV，將更加深化「法國製造」的概念及形象，以彰顯其產品的高品質、高耐用性及高時尙感。

電商化

電商在全球也是非常普及的，LV 近幾年也開始電商化；2018 年 4 月成立洋酒網購，以促銷其旗下的名牌洋酒；另外也成立另一網購，銷售其旗下的化妝品及時裝。

LV 的網購，不只是賣東西而已，更強調提供用戶更多美好的體驗。

結語

即使 LVMH 已身爲全球最大精品集團龍頭，但仍不斷求新求變及不斷轉型才能生存，才能永保第一，才能不斷追求營收及獲利成長！

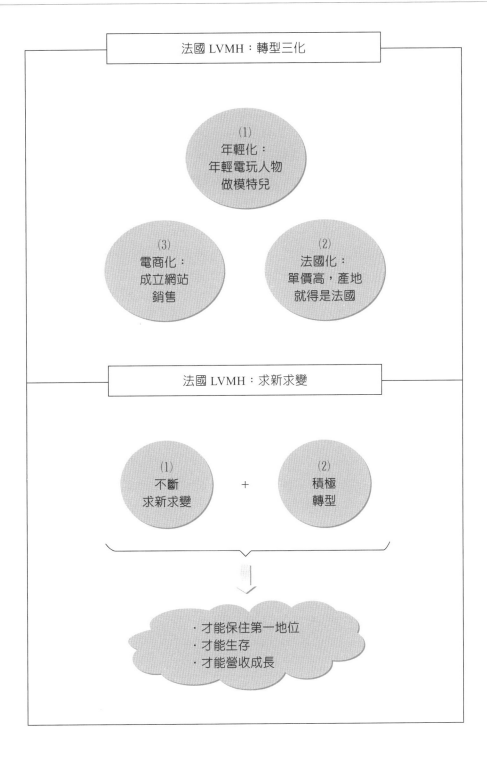

問・題・研・討

1. 請討論 LVMH 的經營績效如何？
2. 請討論 LVMH 的轉型三化為何？
3. 請討論 LVMH 為何要求新求變及轉型？
4. 總結來說，從此個案中，您學到了什麼？

個案6　case six

日本索尼（Sony）

轉虧為盈的經營策略與獲利政策

四大策略

自 2013 年起，日本索尼（Sony）終於終結 2011 年及 2012 年連續 2 年的虧損，終於從谷底翻身，開始轉虧為盈，而到 2024 年時，獲利達到最高峰 7,200 億日圓（約臺幣 2,000 億元），創下近 20 年獲利新高點。

近年來，索尼採取了以下四大重大改革策略：

(1) 透過事業結構改革策略，讓公司沉重的固定費用負擔，能夠變輕、變少，減少管銷費用浪費，從而提高獲利水準。

(2) 透過組織改革，讓阻擋在各事業部門、各子公司之間，以及經營階層與現場第一線之間的厚重圍牆變薄，而能夠加速彼此的協調溝通，促進團隊合作，拉開工作效率與效能，掃除組織官僚作風。

(3) 確定改走高附加價值路線與高價位策略，捨棄過去部分商品的低價政策，不在紅海市場中做低價競爭，而改走高價與差異化、特色化的競爭策略。

(4) 改為小資本投資，完全刪除大而無當且無效益的大型投資支出，大力提升投資報酬率，切實把錢花在刀口上。

服務收入的增加

索尼的電玩部門是 2019 年獲利的領頭羊，特別是在 PS4 電玩機硬體

銷售達 8,000 萬臺，創下史上新高。此外，PS4 主機為擴充功能而利用定額制服務的會員人數，累積已超過 3,100 萬訂戶，形成索尼電玩部門很穩定的每年服務收入，如此搭配硬體機器收入＋服務收入，創造出較高的獲利水準。

不追求量的規模，而轉向高獲利

日本索尼在 2020 年的 ROE（股東權益報酬率）達 10% 以上，年度獲利額亦達 7,000 億日圓。近 6 年來，索尼開始轉向以 ROE 及 ROIC（投入資本報酬率）為二大主力的績效追求指標，而不再追求規模，即不再追求銷售量的成長，而是轉向重視質的提升，即要求朝高獲利企業方向邁進。

另外，索尼對每個事業單位導入 ROIC 績效制度，即強調要抑制無效益的投資、抑制浪費不當的投資、抑制大而浮誇的投資。

而 ROE 績效的提升，即是要控制固定管銷費用的支出，以及同時提升每年獲利水準。

提升商品力成為未來首要挑戰

日本索尼認為，未來要持續轉向高價位、高附加價值的政策實現，首要任務即是提升商品力，包括：品質、功能、耐用、好用、設計、保證及各種附加價值。

另外，在手機、電視、相機等商品，都要求市占率在全球前五名內。商品力及市占率乃關乎未來獲利，及 ROE 是否仍能持續成長和上升的關鍵。

註解：

(1) ROE 公式 $= \dfrac{\text{年度獲利額}}{\text{股東權益總額}}$

若欲提升 ROE 比例，即須提升年度獲利的金額。

(2) ROIC 公式 $= \dfrac{\text{年度獲利額}}{\text{資本總投入額}}$

若欲提升 ROIC 比例，即須提升獲利額，或降低、減少資本總投入額。

索尼：不追求規模，轉向高獲利

不追求規模 ⟹ ・改為高附加價值路線
・轉向高獲利
・轉向中高價位
・重視 ROE 及 ROIC 指數

索尼：提升商品力成首要挑戰

提升商品力

⬇

・未來首要挑戰
・手機、電視、相機均要保持全球市占率前五名內

問‧題‧研‧討

1. 請討論日本索尼自 2013 年起轉虧為盈的四大經營策略為何？
2. 請討論 ROE 及 ROIC 之意義為何？如何提升它們？
3. 請討論索尼為何不再追求規模，而轉向高獲利政策？
4. 請討論索尼未來的首要挑戰為何？
5. 總結來說，從此個案中，您學到了什麼？

個案 7　case seven

日本高絲

化妝品獲利王的經營策略

日本獲利最高化妝品牌，超越資生堂及花王

2021 年第一季，日本高絲公布稅前淨利額達 395 億日圓（約臺幣 108 億元），首度超過日本最大的資生堂（372 億日圓）。

其中，高絲的營業利益率達 14.4%，遙遙領先日本其他競爭對手，僅次於世界最大的巴黎萊雅 17.5%。

日本高絲成立 70 多年來，在日本都是市占率第三名；而 2021 年營業利益率（即獲利率）能夠超越原來第一名的資生堂，其主要二大因素為：

(1)對美國一場併購案，成功開拓美國彩妝市場。

(2)日本高絲總公司自我進行的管銷費用節省政策所致。

成功的美國收購策略

高絲為擴大海外市場，2018 年以 1.3 億美元（約臺幣 39 億元）收購美國當地一家中小型彩妝保養品公司，名為 Tarte。

Tarte 主打草本天然彩妝品，在美國有 2,300 個銷售據點，營業利益率超越 20%。Tarte 有它成功的成本管控模式，即自己沒有研發室，也沒有工廠，省去一切不必要的研發費用及工廠製造費用。Tarte 專心於純天

然化妝品，在取得專利技術後，即委託美國當地工廠代工，降低生產成本。

此外，Tarte 品牌也不花錢打昂貴的電視廣告及平面媒體廣告，只靠社群網站慢慢累積的良好口碑經營；其主力宣傳，即是仰賴 IG（Instagram）社群，其累計追蹤粉絲人數已破 600 萬人。

併購前的 Tarte，年營收只有微小的 79 億日圓，被高絲收購後，反而擴大經營，營收成長率達 2.6 倍，達 282 億日圓，而其營業利益率達 20%，貢獻母公司很多，終使日本高絲拉開了整體營業利益率。

日本總公司也力行成本降低

除了收購美國 Tarte 公司，拉升營收及營業利益率之外，日本高絲總公司也自我力行降低管銷成本，包括人事費用降低、公關交際費減少、廣宣費用合理控制等，使得總部的費用降幅甚多；其中，人事成本率從 26% 降到 16.9%，最為顯著。

不貿然開發新品牌，守住傳統知名品牌

在行銷策略方面，高絲也堅守傳統最強品牌「雪肌精」，策略是盡量延長該長銷品牌的生命週期。而且，另一方面，也不貿然推出新品牌，因為這樣會投入大量廣宣費，以及對銷售成本的增加。

除了重塑雪肌精品牌形象外，高絲也成功拓展日本年輕族群，加上中國觀光客爆買的影響，使得高絲整體銷售額仍每年持續成長。

專注彩妝事業，提升市場鞏固力

高絲社長小林一俊認為，競爭對手花王或資生堂的事業範圍比較廣、比較多角化；但高絲卻專心致力於彩妝保養品此項核心事業；因此，必然可以提升這方面的市場鞏固力，要被對手再搶走市場占有率也不是容易的事。

小林一俊社長表示，未來仍將專注在核心本業，持續提升各品牌忠誠度，深耕日本國內彩妝保養品市場；另方面仍將加速拓展美國及其他海外市場，以保持國內外的持續成長動能及優良的營業利益率績效指標。

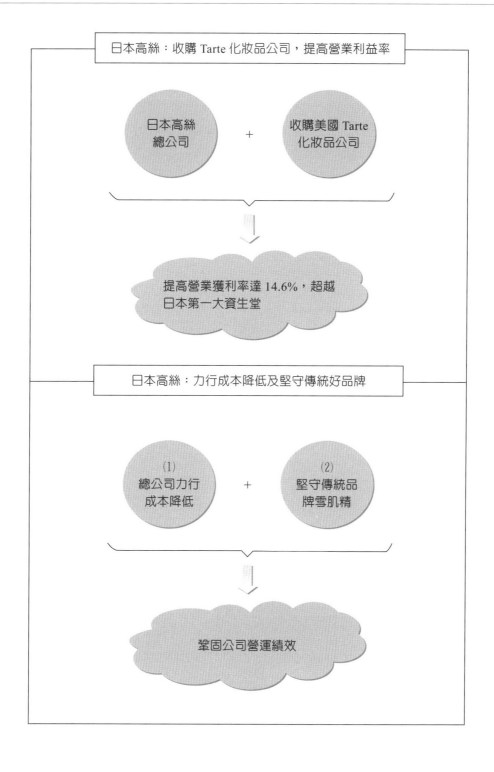

問・題・研・討

1. 請討論日本高絲化妝品公司近年的營運績效如何？
2. 請討論高絲近期的營業淨利率為何升高及超越資生堂？
3. 請討論高絲總公司如何力行成本降低？
4. 請討論高絲為何要堅守傳統品牌？
5. 總結來說，從此個案中，您學到了什麼？

個案 8　case eight

日本成城石井

高檔超市的經營成功之道

經營績效優良

日本已經連續 20 多年處於通貨緊縮及經濟不景氣的時代之中，但有一家高檔超市卻連續 10 年，其營收及獲利均年年成長 3%～5%，此即「成城石井」高檔超市。

該公司 2024 年營收為 819 億日圓（約臺幣 230 億元），營業利益率達 9.3%，是日本一般超市 2 倍以上；每年開新店 10 家～15 家，總計全日本有 173 家店，它不走低價位，而是走高價位，定位在高檔超市，以中高收入族群為目標對象。

定位：通路、批發、製造三位一體

成城石井超市不僅是通路業，也是批發業及製造業。該超市內，有高達 40% 比例的產品是由公司自己進口＋自有品牌的獨家商品，因此能夠擺脫價格戰，創造差異化，在高檔超市中成為領導公司。

六大經營心法

⑴ 滿足選擇，冷門商品照樣上架

在成城石井的超市內，其所陳列的商品，不一定都必然是暢銷品或很多人都會買的商品；而是只要顧客有需求的，就算只是一個小目標市場的少量銷售，該超市也會予以上架，以回應任何顧客的期待；因為，該超市自創業以來，所追求的只有滿足顧客這件重大事情。

⑵ 自己進貨，產地直送道地口味

成城石井大膽成立子公司「東京歐洲貿易公司」，直接從歐洲進口在地商品；該貿易公司有 20 多位採購人員，每年都會走訪全世界，尋找真正好吃、好喝與好用的當地商品，並大量採購進口。

⑶ 找不到好貨，就自己開發

該超市如果某項產品在國內外都找不到好的，就改為自己開發設計，然後找日本代工廠製造，這樣的自有品牌利潤也會較高。

⑷ 抓住熟食，自己製造

例如：超市內的各種熟食，一般都是交給食品代工廠，但成城石井超市卻要求不能加入人工色素、防腐劑等添加物，使得代工廠不符合成本、太麻煩，且保存期限又短，故沒有代工廠願意做；因此，該超市就自己建立熟食中央工廠，再以物流配送到全日本 170 多家超市內。

⑸ 重視互動服務，創造美好消費體驗

成城石井超市的現場工作人員較多，顧客想問的問題，都可以找得到現場人員詢問；該超市亦盡量希望現場員工能與來客互動談話，真正做到能互動的超市。該超市特別注重收銀臺員工的禮儀及熱情，給顧客最終點的良好印象與美好體驗。

⑹ 搜集顧客聲音

每天下午 5 點，該超市在顧客諮詢室都會準時整理當天收到的顧客意見與聲音，然後隔天送到總公司社長（總經理）的桌上。總公司會依據這些意見，展開尋求更好的國內外產品及更快速的服務。

因為，該超市的名言即是：「滿足現狀就是衰退的開始！」

多角化經營，持續追求成長

2013 年，該超市正式跨足餐飲業，在東京地區開設 6 家酒吧，另外，也有 2 家門市正在規劃成立「超市＋餐廳」的合併新模式。

另外，成城石井也與日本、800 多家各地中小型超市合作，成立專區，陳列由歐洲進口的獨家商品及特色商品，增加營業額。

結語

成城石井社長最後表示：「不滿足於現狀，持續追求顧客想要的東西，才是零售業不變的王道。」

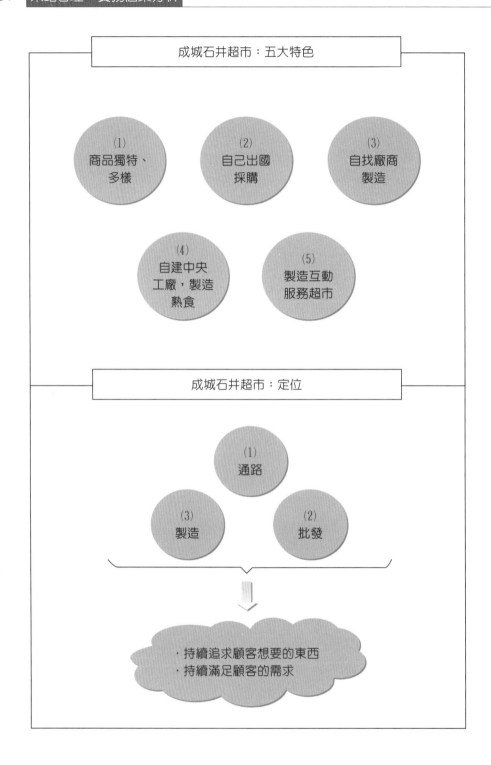

問·題·研·討

1. 請討論成城石井超市的經營績效如何？
2. 請討論成城石井的六大心法為何？
3. 請討論成城石井如何突圍成長局限？
4. 請討論成城石井成立何種公司直接進口商品？
5. 請討論「滿足現狀就是衰退的開始」這句話的含義為何？
6. 總結來說，從此個案中，您學到了什麼？

個案 9　　case nine

日本村田製作所

全球被動元件龍頭的成功策略

公司概況

　　日本村田製作所創業於 1944 年，2024 年營收達 1 兆 6,000 億日圓（約臺幣 4,400 億元），營業淨利率達 17% 之高，是一家技術超優良的公司。該公司時時追求自我突破，未來將主攻 5G 通訊零組件及電動車高階零件。目前主力產品是陶瓷電容器，全球市占率 40%，第二名則是三星的 20%；村田製作所可說是全球被動元件的龍頭老大。自 1970 年代以來，村田製作所就是日本國內電子零件的一哥。

堅守技術

　　村田製作所只開發與眾不同且獨特性的產品，每年營收 1/3 都來自新產品；研發投入額亦占年營收 7% 之高。該公司採取垂直整合模式，從上游材料、設備機械、製造到品管等，全由自己一手包辦；此策略能削減成本，也是高獲利、高競爭力的來源，一切均自製，樹立差異化內涵。

　　村田公司多年來擁有獨家技術，不斷提升產品附加價值，做高端產品，避免陷入低價競爭。現在全球市占率第一的產品，都經過 10 年以上的研發，該公司在投資技術及培養研發人才上都很漫長，可謂 10 年才磨一劍。另外，村田公司對外在產業趨勢上很敏銳，能夠抓住技術需求。

企業文化：充分授權，讓人才感到工作的意義

村田公司為了提升員工的工作意義，自 2007 年起就進行改革企業文化的 10 年計畫，重點在於打破企業的官僚體制，並把決定權交給現場員工。這個改革的原由，則因為早在 2005 年時，村田公司曾對 1.4 萬名員工進行問卷調查，發現當時員工對職場不滿已超乎想像，組織好像軍隊，上級只是對下級指示、命令、統治及管理，每個員工的聲音被扼殺，組織閉塞日益沉重。

村田公司後來嘗試各種改革措施，但最終發現最好的做法，就是充分對部屬授權，才能最接近市場變化。

村田恆夫社長表示：「做社長的人，要有一種意識，就是如何發揮員工的主動性、創造性、聰明才智及挑戰精神，這是做社長的最大心願。」

授權程度有多大？就算是一個 37 歲的小組長，也能像社長一樣，當下與客戶交涉而做出判斷。對高階上級長官而言，他的作用也只是最後同意而已。

總之，社長的任務，正是讓有能力的人才，在公司感受到工作的意義。

對市場保持敏銳度

村田公司之所以能在第一時間立即滿足顧客，來自於對員工的權力下放，以及對現場的快速對應；但能夠抓準時機投資生產，這還要歸功於對市場保持敏銳的情報力。

下游客戶會提供村田公司最新情報，例如：手機需求是否趨緩？電動車零件市場是否擴大？都可以得到下游客戶的市場情報而機動應變。

結語

現年 69 歲的村田恆夫社長，即將升任會長而交棒給新任社長，他表示：「任何村田公司社長最重視的就是對技術的好奇心，以及重視現場改善能力的企業文化，希望代代都能傳承下去。」

村田公司能保有日本企業傳統的工匠精神，並能長保全球第一，更在

於它始終追求與眾不同及獨特性的技術創新和領先；尤其是重視人才，勇敢授予權力、下放權力，讓第一線的人來做決定，才能因應更快速變化的市場！

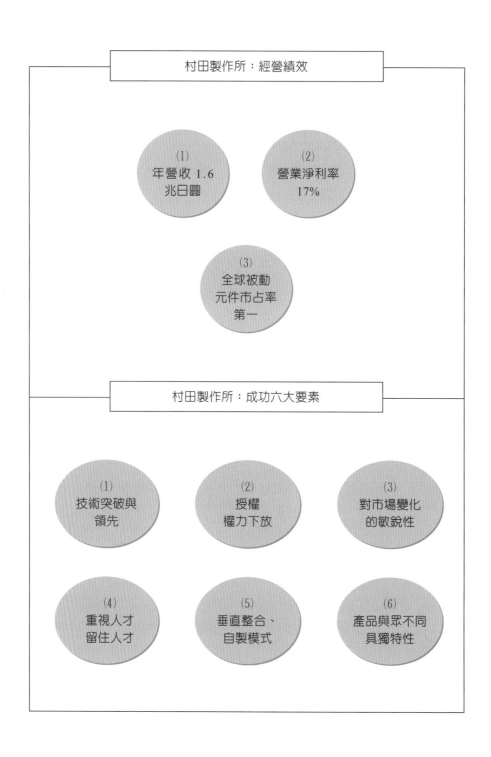

問·題·研·討

1. 請討論日本村田製作所的公司概況為何？
2. 請討論村田公司的堅守技術為何？
3. 請討論村田公司的授權企業文化如何？
4. 請討論村田的成功六大要素為何？
5. 總結來說，從此個案中，您學到了什麼？

個案10　case ten

日本樂天

打造成功的會員點數與生態圈經營策略

樂天的成功經營績效

2024 年樂天整體營收和獲利較 2019 年同期成長 16% 及 60%，成長率均超過二位數；而過去 7 年，樂天的營收更是成長 170% 以上。

日本 1.3 億人口中，就有高達 9,900 萬人是樂天會員，每 10 人中，就有 8 人使用樂天的服務。樂天集團全球員工達 1.5 萬人，集團市值高達臺幣 300 億元。

打造生態圈，會員點數扮演黏著劑

樂天最特別的是，它創造了樂天生態圈，把整個事業都串起來。樂天的生態圈，包括以下 10 種事業：

⑴樂天市場（電商、網購）。

⑵樂天信用卡。

⑶樂天網路銀行。

⑷樂天證券。

⑸樂天人壽保險。

⑹樂天運動（棒球隊）。

⑺樂天電信。

⑻ 樂天數位內容。

⑼ 樂天生活與休閒。

⑽ 樂天廣告與媒體。

此生態圈的成功，是由樂天會員、大數據、品牌等 3 根大柱撐起，而「超級紅利點數」則是三者間的黏著劑。因為，只要成為樂天任何一個事業體的會員，消費者就可以得到超級紅利點數；然後，此點數又可以使用在樂天其他事業體上，成為非常好的循環使用。

例如：在樂天市場中網購，即可以得到交易金額 1% 的點數回饋給消費者，這 1% 可以在往後任何事業體消費中折抵。這種紅利點數可以鞏固樂天會員在十大事業的忠誠度及回購率。如今，樂天的電商已在日本位居第一位，市占率達 28%。

搶攻日本行動電話市場

2019 年 4 月，樂天又獲得日本行動電信執照，宣布未來 7 年將投入日圓 1,600 億元投資基地臺的設置，直接挑戰既有三大電信公司（NTT Docomo、Softbank、KDDI 等 3 家），樂天看好此一投資案，將可吸納新的電信用戶成為樂天生態圈事業的一環，並更加強生態圈事業體的影響與擴張業績。

重視併購綜效

樂天在這 20 多年來的快速擴張與成長，都是併購策略的成功，以及併購綜效的產生。例如：樂天信用卡、樂天網銀、樂天證券等，都是由併購而來的。

該公司創辦人三木谷浩史表示：「我不斷找尋可以跟現有生態系產生綜效的外部公司，讓此生態系中不同顧客族群可以彼此流動，跟樂天其他的服務及產品拓展關係。」

積極開拓海外市場的挑戰

不過，儘管樂天生態圈在日本大為成功，年營收也快速成長到日圓

2,600 億元，但其中八成營收額都來自日本國內市場，未來如何複製到海外市場，將是樂天的一大挑戰。

結語

　　樂天創辦人三木谷浩史表示：「我總是賭我相信的事，雖然會遇到很多困難，但我相信這些困難是可以解決的。我堅信，挑戰才是正確的策略，不敢承擔風險，就是風險。」

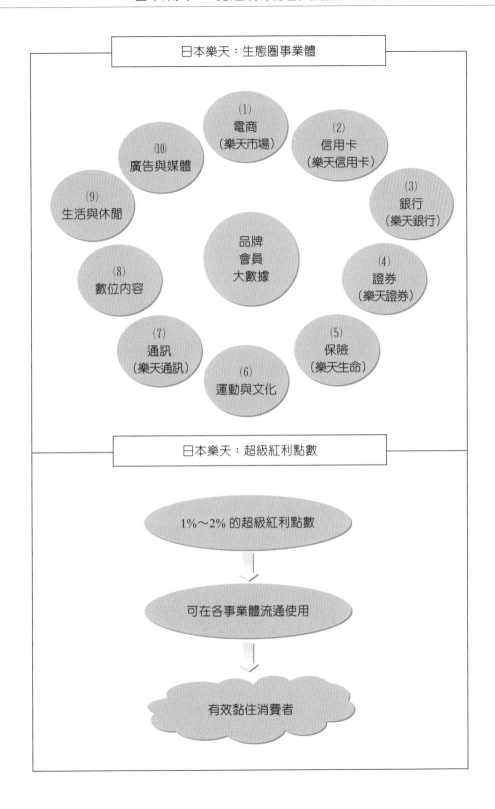

問·題·研·討

1. 請討論樂天的成功經營績效為何？
2. 請討論樂天生態圈有哪些事業體？用什麼作為黏著劑？
3. 請討論樂天的併購策略為何？
4. 請討論樂天的未來挑戰為何？
5. 請討論樂天創辦人對風險與挑戰的看法如何？

個案11 case eleven

優衣庫

連續 2 年獲利創新高的經營祕訣

獲利創新高

2021 年～2022 年，在全球疫情、俄烏戰爭、通貨膨脹及經濟衰退狀況下，日本優衣庫服飾公司的全球獲利仍創下新高；全年營收額破 1 兆日圓（約臺幣 2,300 億元），獲利 1,200 億日圓，創下史上新高。

了解過去、掌握現在，洞悉未來

優衣庫董事長兼總經理的柳井正表示：「經營企業，必須了解過去、掌握現在，並洞悉未來才行。」如果面臨環境的巨變，經營者就說此狀況是在預料之外的，這就是不合格的經營者，也表示這種經營者不能掌握現在及洞悉未來，將把企業帶向危險的境地。

中國是世界成長引擎

柳井正董事長表示，中國有 14 億人口，比日本大 10 倍之多（日本人口才 1.4 億人），國民所得也已突破 1 萬美元，很多地方像北京、上海、廣州、深圳、天津、重慶等城市，國民所得也已突破 2 萬美元，距離東京

已不遠，中國已成為優衣庫重要的業績成長國家。

2023 年，優衣庫的全球獲利來源，大中華區占 53% 最多；歐美占 16%，日本及其他地區占 31%，因此，中國可說是優衣庫營收及獲利的最大來源。

雖然美國、日本、中國、臺灣有地緣政治與戰爭對立的風險，但柳井正希望全球都能和平，好好做生意，好好經營企業。

優衣庫目前海外營收占 70% 之高，日本營收只占 30%，此顯見海外市場對優衣庫的重要性，優衣庫已成為全球化的服飾大公司。

信賴公司、信賴品牌

柳井正董事長表示，做生意及經營企業最重要的祕訣，就是要讓消費者「相信這個公司」、「相信這個品牌」，也就是說，消費者會安心的買這家公司的商品，這也是一種「信賴」的極致表示。如果能成為一家被信賴、有好口碑的公司，這家公司就成功了。因此，柳井正認為：「賣商品之前，應先賣品牌。」這就是「信賴經營學」、「信賴行銷學」。

ZARA 服飾為何全球第一

優衣庫目前為日本第一大、全球第三大的快時尚服飾公司。

柳井正董事長認為西班牙的 ZARA 服飾為何能長保全球第一大服飾公司的原因，主要有 2 個：

⑴柳井正認為 ZARA 的創辦人及高階主管，對自己的品牌及服飾行業，都長期懷抱著熱情與興趣，每天都有想要把它們做得更好、更棒、更強的一種工作熱情。

⑵ZARA 有很多優秀的員工團隊，包括：設計團隊、製造團隊、門市店業務團隊、全球化營運團隊、行銷團隊、物流團隊等。

拓展海外業務的選擇及思考點

優衣庫對拓展海外業務的選擇及思考點，主要有 4 點：

⑴和其他品牌比較起來，優衣庫是否有脫穎而出的特點、特色及優

勢？

⑵這會使全世界變得更好嗎？

⑶這對當地國能貢獻什麼？在當地國能成爲好的國民服飾品牌嗎？

⑷當地國還有沒有優衣庫成長的空間？

永無止境的追求成長

在柳井正的心裡，他最大的經營法則，就是要「追求永無止境的成長經營」。他說：「成長是沒有盡頭的，要生生不息的永遠成長下去。」

柳井正認爲，如果可以跟全世界各國做生意，那就太好了，他最大的希望，就是讓全世界的人都有更優質、更平價的國民服飾可以買、可以穿。

對繼位者的期待

柳井正對於未來的繼任者，有以下 5 項要求及期待：

⑴要受到大家尊敬。

⑵要有領導力。就是要能「立刻判斷、立刻決定、立刻執行」。

⑶要能爲公司賺錢、讓公司活下去。

⑷要能爲公司不斷成長、擴大世界版圖。

⑸要能善盡企業社會責任及永續經營（即 CSR + ESG）。

隨時做好計畫與準備

柳井正表示，面對現今國內外經營環境的巨變下，優衣庫早已做好現在及未來（3 年～5 年）的應變計畫及應變準備，一切均在其掌握之內。

柳井正常說：「晴天要爲雨天做好準備才行。」這就是柳井正的「計畫經營」與「準備經營」的最高策略展現。

一生永不退休

柳井正表示，他自己會一直在戰場上奮戰到底，一生永不退休，最後

仍會保留「名譽董事長」及「創辦人」之頭銜。柳井正說：「我的生命，已經與優衣庫的生命緊緊連在一起了。」

問·題·研·討

1. 請討論柳井正董事長「了解過去、掌握現在、洞悉未來」的含義為何？
2. 請討論中國市場對優衣庫的重要性？
3. 請討論「依賴經營學」的含義為何？
4. 請討論 ZARA 為何能長保全球第一大服飾公司？
5. 請討論優衣庫拓展海外市場的選擇及思考點為何？
6. 請討論優衣庫「永無止境追求成長」的含義？
7. 請討論柳井正董事長對繼任者的 5 點要求為何？
8. 請討論「隨時做好計畫與準備」的含義為何？
5. 總結來看，從此個案中，您學到了什麼？

個案12 case twelve

東京迪士尼的經營策略與行銷理念

門票、商品、餐飲的營收鐵三角

日本東京迪士尼樂園自 1983 年成立以來，當年入館人數即達 1,000 萬人，1990 年度達 1,500 萬人，2002 年破 2,000 萬人，是日本入館人數排名第一的主題樂園，排名第二位的橫濱八景島，每年入館人數為 530 萬人，僅約東京迪士尼樂園人數的 1/4。

日本人對迪士尼樂園的重複「再次」入館率高達 97%，顯示東京迪士尼樂園受到大家高度的肯定與歡迎。

東京迪士尼樂園（Tokyo Disneyland）於 2001 年 9 月在其區域內推出第二個樂園——東京迪士尼海洋樂園（Tokyo Disney Sea），兩相輝映，已成為日本遊樂勝地，甚至很多外國觀光團也常安排到此遊玩。

「100－1＝0」奇妙恆等式

昔時東京迪士尼樂園社長加賀見俊夫領導兩個遊樂園共計 19,000 名員工，其最高的經營理念就是「堅持顧客本位經營」，以達到顧客滿意度 100 分為目標。

加賀見社長提出「100－1＝0」奇妙恆等式，100－1 應該為 99，怎麼變成 0 呢？加賀見社長認為，顧客的滿意度只有兩種分數，「不是 100 分，就是 0 分」，他認為只要有一個人不滿意，都是東京迪士尼樂園所不允許的，他教育 19,000 名員工：「東京迪士尼的服務品質評價，必須永

遠保持在 100 分」。換言之，2002 年度有 2,000 萬人次的入館顧客，應該讓 2,000 萬人都是高高興興進來、快快樂樂地回家。能達成這種目標，才算真正的貫徹「顧客本位經營」，顧客也才會再回來。

親自到現場觀察

那麼，加賀見社長如何做到「顧客本位經營」呢？他除了在每週主管會報中聽取各單位業績報告及改革意見外，每天例行的工作，就是直接到「現場」去巡視及觀察。加賀見社長最注重顧客的臉部表情，從表情中就可以感受到顧客進入東京迪士尼到底玩得快不快樂？吃得滿不滿意？買得高不高興？以及住得舒不舒服？

加賀見社長表示，「現場」就是他經營的最大情報來源，他經常在巡園中，親自在餐廳內排隊買單，感受排隊之苦。也常為日本女高中生拍照，並問她們今天玩得開心嗎？他常巡視清潔人員是否定時清理園內環境？也常假裝客人詢問園內服務人員，以感受員工答覆的態度好不好？加賀見社長最深刻的見解就是：「把顧客當成老闆，顧客不滿意、不快樂，就是企業的恥辱，能夠做到這樣，才是服務業經營的最高典範。」

顧客本位經營的內涵指標

東京迪士尼樂園的顧客本位經營內涵指標，就是強調 SCSE，亦即：安全（Safe）、禮貌（Courtesy）、秀場（Show）、效率（Efficiency）。

⑴ 安全

所有遊樂設施必須確保 100% 安全，必須警示哪些遊樂設施不適合遊玩，定期維修及更新，並有園內廣播及專人服務，把顧客的生命安全當成頭等大事。東京迪士尼開幕 19 年以內，從來沒有發生過重大設施的安全不當事件，是可以讓人放心與信賴的遊樂園。

⑵ 禮貌

所有在職員工、新進員工，甚至高級幹部，都必須接受服務待客禮貌的心靈訓練，並成為每天行為的準則。東京迪士尼的服務人員，被要求成為最有禮貌的服務團隊，包括外包廠商在迪士尼樂園內營運，也要接受內

部要求的準則，並接受教育訓練。

⑶ 秀場

東京迪士尼樂園安排很多正式的秀，以及個別的化裝人物，主要都是希望勾起參觀顧客的趣味感、新鮮感與好玩感，並且經常與這些人偶照相，或由人偶贈送糖果、贈品；這也是較具人性化的遊樂性質。

⑷ 效率

東京迪士尼樂園的效率是反映在對顧客服務的等待時間上，包括：遊玩、吃飯、喝咖啡、入館進場、尋找停車位、訂飯店住宿、遊園車等各種等待服務時間。這些等待時間必須力求縮短，顧客才會減少抱怨。尤其，長假人潮擁擠時，如何提高服務時間效率，更是一項長久的努力。

門票、商品販售、餐飲是營收三大來源

東京迪士尼樂園在 2023 年度計有 1,700 萬人入館，每人平均消費額為 9,236 日圓（約臺幣 2,700 元）。其中，門票收入為 3,900 日圓（占 42%），商品銷售為 3,412 日圓（占 37%），以及餐飲收入為 1,924 日圓（占 21%）。自 2002 年度開始，還增加住房收入。

從以上營收結構百分比來看，3 種收入來源均極為重要，而且差距也不算很大。因此，主題樂園的收入策略，並不是仰賴門票收入，在行銷手法的安排上，還應該創造商品、餐飲及住宿等多樣化營收來源。

⑴ 在商品銷售方面：已有 6,000 項商品，除了迪士尼商標產品外，還有一些日本各地的土產以及各種節慶商品，例如：聖誕節、春節等應景產品。這些由外面廠商所供應的商品，不管是吃的或用的，都被嚴格要求品質。

⑵ 在餐飲方面：包括麥當勞、中華麵食、日本和食、自助餐、西餐等多元化品味，可以滿足不同族群消費者及不同年齡顧客的不同需要。目前，光是東京迪士尼的食品餐飲部門員工人數就達 7,000 人，占全體員工人數約 1/3，可以說是最重要的服務部門。餐飲服務最注重食品衛生及待客禮儀，希望能滿足顧客的餐飲需要。

⑶ 在住宿方面：迪士尼樂園內已有 10 多棟可以住滿 500 間客房的休閒飯店，除住宿外，還可提供宴客及公司旅遊等大規模用餐需

求，並且以家庭 3 人客房為基本房型設計。2002 年 2,000 萬來館顧客中，三成左右（650 萬人次）有住宿消費，此顯示設置休閒飯店的必要。尤其是在暑假、年節及假日，東京迪士尼園區內的休閒飯店經常是客滿的。

流暢的交通接駁安排

東京迪士尼樂園在尖峰時，每天有 8 萬人次入館，其中交通路線的安排必須妥當，才能使進出車輛順暢。該樂園安排 3 個出入口，一個是 JR 京葉線舞濱車站的大眾運輸，以及葛西與浦安入口。尖峰時刻，每小時有 4,800 輛轎車抵達，而這 3 個入口都可負荷。另外，東京迪士尼樂園與海洋世界二大園區的停車場空間，最大容量可以停 1.7 萬輛汽車，是全球最大的停車場。在這二大園區之間，還有園區專車服務，約 13 分鐘即可直達，省下顧客步行 1 小時的時間，這都是從顧客需求面設想的。

賺來的錢用來維護投資

東京迪士尼樂園 2002 年度的營收額達 2,700 億日圓（約臺幣 800 億元），是日本第一大休閒娛樂公司及領導品牌。該公司歷年來都保持穩定的營收淨利率，1997 年最高達 15%，2002 年下降到 6% 左右；主要是持續擴張投資與提列設備折舊、增加用人量等因素所致。加賀見社長認為，原來第一個園區已經有 19 年歷史，必須再投資第二個園區（海洋世界），才能保持營收成長，以及確保固定的長期獲利。因此，必須要用過去幾年賺來的錢繼續投資，才能有下一個 19 年的輝煌歲月。

精彩演出迪士尼之夢

自 1990 年以來，日本國內已歷經 12 年經濟不景氣，但東京迪士尼樂園的經營，仍然無畏景氣低迷，而能維持穩定且不衰退的入館人數，實屬難能可貴。追根究柢，加賀見社長歸因於「堅守顧客本位經營」與「100 － 1 ＝ 0」的二大行銷理念。

他說，迪士尼樂園 19,000 名員工每天都在努力演出精彩的「迪士尼

之夢」（Disney dream），也就是帶給日本及亞洲顧客最大的快樂與滿意。

　　成功行銷的東京迪士尼樂園，確實帶給國內行銷業者很大的啟示與省思。在被一片「顧客導向」、「顧客第一」的行銷口語浪潮淹沒時，我們是否眞的實踐且貫徹其內涵與精髓？東京迪士尼樂園足堪爲借鏡。

問·題·研·討

1. 請討論日本迪士尼樂園加賀見社長所提出的「100－1 = 0」奇妙恆等式，其意義何在？
2. 請討論為何日本迪士尼樂園加賀見社長必須親自到現場去觀察？
3. 請討論日本迪士尼樂園在堅守顧客本位經營上的四大指標為何？
4. 請分析日本迪士尼樂園的三大營收來源為何？
5. 請討論日本迪士尼公司為何將賺來的錢持續用在投資上？
6. 總結來看，請從策略管理角度來評論本個案的含義有哪些？重要結論又有哪些？以及您學習到了什麼？

個案13　case thirteen

露露樂蒙（lululemon）
運動品牌在臺快速成長祕訣

公司簡介

露露樂蒙於 1998 年，創立於加拿大溫哥華，它是一家以機能性運動服飾爲主力的公司。2022 年營收額達 50 億美元，獲利 7 億美元，全球員工總人數達 1.6 萬人，2007 年在紐約那斯達克證交所上市。

早期露露樂蒙的目標定位在熱愛瑜伽且具一定消費能力的中產階級女性，曾掀起一陣運動休閒熱潮。

露露樂蒙的使命，即在創造出讓人們活得更長久、更健康、更有趣的生活方式。

2023 年，露露樂蒙的企業市值超越 400 億美元，正式擠下愛迪達（adidas），成爲僅次於 Nike 的全球第二大運動品牌。

臺灣市場爆發成長

2017 年，露露樂蒙正式進入臺灣市場，也看好臺灣市場。剛開始成立在百貨公司專櫃（專區），近 3 年來營收額翻了 3 倍，呈現爆發性成長。

產品項目

露露樂蒙店內所銷售的產品，主要有瑜伽服、瑜伽褲、運動服飾、運動內衣、健身用品、外套、帽子、運動配件等，非常多樣化的產品組合。

通路策略

露露樂蒙目前在臺灣有 8 家專門店，分別是 101 百貨公司、微風百貨、新光三越百貨、忠孝／敦化街邊店、忠孝／復興街邊店、SOGO 百貨、遠東百貨等。

未來的通路據點將從 8 家擴充到 15 家～20 家，業績將更大幅成長。此外，也在 2023 年開設官方線上網路商城，擴大成爲 OMO 線上＋線下的全通路策略。

推廣策略

露露樂蒙的推廣宣傳方式，不找明星藝人代言，而是找瑜伽老師、健身教練、KOL 網紅等做代言宣傳，主打口碑行銷；露露樂蒙曾找過 200 位瑜伽老師共同保證該公司產品的 100% 滿意度。此外，露露樂蒙也主打促銷活動，例如：任選 2 件打 9 折，以及每週四、五會員日結帳打 95 折等，有效吸引會員再次購買，以及吸引新客人上門市店消費。

顧客（會員）反應

露露樂蒙的顧客，對該品牌都有正面的肯定聲音，例如：
(1)材質、款式很好。
(2)門市銷售人員專業度夠、解說很詳盡、親切、熱情、友善。
(3)門市店內陳列擺設好看，感到休閒舒適。
(4)產品種類齊全。
(5)店內體驗感很好。

在臺成功六大策略

⑴ 致勝核心在產品力

該公司在服飾的觸感質料上下功夫，布料有舒適度，穿著感很好，和競爭對手有差異化。這也造成很好的口碑相傳，及養成忠實粉絲。

⑵ 找瑜伽老師、健身教練、網紅合作推廣

露露樂蒙並不找大咖藝人、明星做代言宣傳，反而找平易近人，有相關性的瑜伽老師、健身教練及 KOL 網紅等專業人士做合作及推廣宣傳，反而得到很好的成效；對品牌力及業績力都有極佳成效。

⑶ 專業度高的門市店人員

露露樂蒙的各門市及專櫃人員，在分發至各門市之前，都必須經過幾天的專業知識教育訓練，合格後，才能正式分發出去。這些人員在內部稱為「教育者」，擁有包括：運動、健身、服飾、搭配、瑜伽、配件等專業知識，帶給顧客們高度肯定及信賴。

⑷ 授權第一線門市店人員主導權

露露樂蒙高階人員也大膽授權第一線門市店人員很大的主導權，包括：店內的陳列設計風格、對顧客不滿意的現場處理決策等，均可提高顧客滿意度。

⑸ 在地化策略

露露樂蒙在臺灣市場上，改採大幅度的在地化策略，包括：用人（人事）、行銷方式、開店、宣傳、產品選擇、通路門市店等，都依臺灣市場在地需求而規劃執行，使得一切營運能夠接地氣。

⑹ 掌握臺灣消費者喜好變化

露露樂蒙也很注重臺灣消費者的意見、喜好變化與市場脈動，也經常性搜集各方面訊息，然後反映給亞太區高階主管及加拿大總部，以利做整體策略方向的調整及改變，更符合臺灣在地需求。

製造代工廠

　　露露樂蒙運動服飾產品之製造代工廠，主要在東南亞的越南、孟加拉、菲律賓等國家；東南亞是全球運動服飾代工的最大地點，成本較低，但品質還不錯。至於中國代工廠，由於中美二大國的對抗趨勢及地緣政治的不利發展，露露樂蒙很少在中國生產製造，以避開政治風險。

海外（國際）市場

　　露露樂蒙除加拿大本國市場外，亦積極走向海外、國際市場，主要有美國市場、歐洲市場及亞太市場三大區塊。亞太市場又以中國、臺灣、日本、韓國、香港 5 個地區的營收成長較為快速及重要。

新的未來 5 年計畫

　　露露樂蒙在 2021 年時，曾制定一個「未來 5 年發展計畫」，預定到 2026 年時，將要實現年營收 125 億美元的宏偉目標，這正策勵著該公司進一步的高速成長，並更強化它在運動品牌地位的確立及提升。

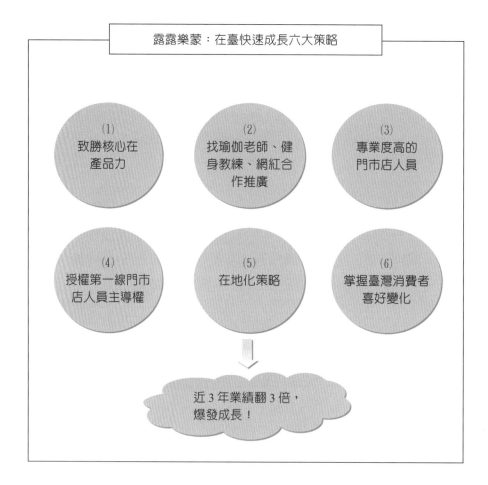

露露樂蒙：在臺快速成長六大策略

(1) 致勝核心在產品力

(2) 找瑜伽老師、健身教練、網紅合作推廣

(3) 專業度高的門市店人員

(4) 授權第一線門市店人員主導權

(5) 在地化策略

(6) 掌握臺灣消費者喜好變化

近 3 年業績翻 3 倍，爆發成長！

問・題・研・討

1. 請討論加拿大運動品牌露露樂蒙（lululemon）在臺灣市場快速成長的六大策略為何？
2. 請討論露露樂蒙的公司簡介及產品有哪些？
3. 請討論露露樂蒙的通路策略為何？
4. 請討論露露樂蒙的推廣策略為何？
5. 請討論露露樂蒙的顧客反應如何？
6. 請討論露露樂蒙的代工廠在哪些國家？
7. 請討論露露樂蒙的海外市場有哪些？
8. 請討論露露樂蒙未來 5 年計畫的目標為何？
9. 總結來說，從此個案中，您學到了什麼？

個案14　case fourteen

ZARA

贏在速度經營

來自西班牙的 ZARA 服飾品牌，在歐洲竄起後，正積極在全世界建立女性服飾店連鎖經營的事業版圖。

ZARA 成立於 1985 年，至今不過短短 39 年營運歷史。目前卻已在歐洲 27 個國家及世界 55 個國家，開了 2,200 家 ZARA 女性服飾連鎖店。2024 年度全球營收額達 46 億歐元（約臺幣 1,600 億元），獲利額為 4.4 億歐元，獲利率達 9.7%，比美國第一大服飾連鎖品牌 GAP（蓋璞）公司的 6.4% 還要出色。

ZARA 公司目前已成為歐洲知名的女性服飾連鎖經營公司。

設計中心是公司心臟部門

位在 ZARA 總公司 2 樓的設計中心（Design Center），擁有 700 坪開放空間，集合了來自 20 個國家 120 名不同種族的服裝設計師，平均年齡只有 25 歲。這群具有年輕人獨特創意與熱情的服裝設計師，經常出差到紐約、倫敦、巴黎、米蘭、東京等，走在時代尖端的大都會，去第一線了解女性服飾及配件的最新流行與消費趨勢走向。此外，他們也經常在公司總部透過全球電話會議，與世界 55 個國家的總店長舉行全球即時連線的電話會議，每天或每週隨時了解及掌握他們所設計的商品銷售狀況、顧客反應、當地的流行與需求發展趨勢等第一現場資訊情報。

ZARA 公司總經理曾表示：「每天掌握對全球各地區女性服飾的流行感、身處其中的熱情以及了解女性對美麗服裝的憧憬，創造出 ZARA 獨特的商品特色。並以平實的價格，讓多數女性均能享受購買的樂趣，這是 ZARA 近幾年來，快速崛起的根本原因。」

快速經營取勝

ZARA 新服裝商品從設計、試作、生產到店面銷售的整套速度，平均只花 3 週，最快則在 1 週就會完成。公司 2 樓的大型設計中心內，產品經理（Product Manager）及設計師 100 多人，均在此無隔間的大辦公室內工作、聯絡及開會。舉凡服飾材料、縫製、試作品及完成品，所有設計師亦都在此立即溝通完成。

ZARA 公司目前在西班牙有 9 座自己的生產工廠，因此可以機動的掌握生產速度。一般來說，在設計師完成服飾造型設計之後，他們透過網路，將設計資料規格傳到工廠，經過紙型修正作業及試產之後，即可展開正式的生產作業。而世界各地商店的訂量需求，亦會審慎及合理的傳到 ZARA 工廠，將各地未能銷售完的庫存量降到最低。目前大約是 15% ～ 20%。這比其他服飾連鎖公司的 40% 已經低很多了。

在物流配送方面，ZARA 在歐盟的法國、德國、義大利、西班牙等國，主要是以卡車運送為主，約占 70% 的市場銷售量，平均 2 天內（48 小時）即可運達 ZARA 商店內。而剩下 30% 的市場銷售量，則以空運方式送到日本、美國、東歐等較遠的國家。儘管空運成本比較高，但 ZARA 堅持不走低成本的海運物流，主要就是為了爭取上市的流行期間。ZARA 總經理表示，他們是世界服裝業物流成本最高的公司，但他認為這是值得的。

品缺不是過失

ZARA 公司的經營哲學，就是每週在各店一定要有新服裝商品上市，其商品上、下架的「替換率」非常快。而且，ZARA 每件商品經常在各店只放置 5 件，是屬於多品種少量的經營模式。在西班牙巴塞隆納的 ZARA 商店內，經常被顧客問到：「上週擺的那件外套，沒有了嗎？」ZARA 公

司的經營哲學是：「每週要經常有新商品上市，才會吸引忠誠顧客的再次購買。」雖然某些暢銷好賣的服飾品會做一些追加生產，但這並不符合ZARA 公司的經營常態，因此，即使是好賣而缺貨，ZARA 亦不會更改其經營原則而大量增加同一款式的生產及店面銷售。ZARA 總經理表示：「品缺不是過失，也不是罪惡，我們的經營原則，本來就堅守在多樣少量的大原則下。因為，我們要每週不斷開創出更多、更新、更好、更流行與更不一樣的新款式。」

有計畫的行事

　　ZARA 公司每年 1 月時，就開始評估、分析及規劃 6 個月後春天及夏天的服裝流行趨勢。而 7 月時，就思考著秋天及冬天的服裝需求。然後，在此大架構及大方向下，制定他們每月及每週的計畫作業。通常在該季節來臨的前 2 個月即已開始，但生產量僅占 20%，等正式邁入當季，生產量才占 80%。此外，亦會隨著流行的變化，每週機動改變款式設計，少量增產或對暢銷品進行例外追加生產。

ZARA 經營成功特點

　　總結來看，ZARA 公司總經理提出該公司近幾年來能夠經營成功的 4 個特點如下：
　　⑴120 多名龐大服飾設計人員，每年平均設計出 1 萬件新款服裝。
　　⑵ZARA 公司本身即擁有 9 座成衣工廠，從新款式企劃到生產出廠，最快可以在 7 天內完成。
　　⑶ZARA 公司的物流管理要求達到超市的生鮮食品標準，在全世界各國的 ZARA 商品，務必在 3 天內送達各店，不論在紐約、巴黎、東京、上海、倫敦，還是臺北。
　　⑷ZARA 公司要求每隔 3 週，店內所有商品一定要全部換新。不能讓同樣的服飾商品擺放在店內 3 週以上。換言之，3 週後，一定要換另一批新款式的服裝上架。
　　如果經常到巴黎、倫敦、米蘭旅遊的東方人，一定可以看見到處矗立的 ZARA 品牌服飾連鎖店。在日本東京的銀座、六本木等地區，也開了

12 家。在全球擁有 200 多家店的 ZARA 已悄然飛躍升起，成為世界知名的服飾連鎖品牌公司。ZARA 這種生產製造完全是靠自己的工廠，並不委託落後國家來代工生產的經營模式，是與美國 GAP 等知名品牌不同的地方。

　　如今，在超成熟消費市場中，ZARA 公司以強調「超速度」、「多樣少量」，以及「製販一體統合」的效率化經營，終於嶄露頭角，立足歐洲，放眼全球，而終於成為全球服飾成衣製造大廠及大型連鎖店經營公司的卓越代表。

問‧題‧研‧討

1. 請討論 ZARA 公司目前的經營成果為何？
2. 請討論 ZARA 公司的服裝設計師如何了解消費趨勢？他們的做法為何？其結果如何？
3. 請討論 ZARA 公司服裝設計師的背景為何？
4. 請討論 ZARA 公司的庫存量為何能降到最低？做法為何？
5. 請討論 ZARA 公司在物流配送方面有何原則？為什麼？
6. 請討論 ZARA 公司為何認為品缺不是罪惡？
7. 請討論 ZARA 為何完全是自己生產製造？
8. 請討論 ZARA 公司近幾年來經營成功的 4 個因素為何？
9. 總結來看，請從策略管理角度來評論本個案的含義有哪些？重要結論又有哪些？以及您學習到了什麼？

個案 15　case fifteen

Yodobashi

贏得顧客心高收益經營祕訣

　　日本在家電資訊量販店經營上，以 YAMADA（山田）的營收額及店數規模最大，但如以營業利益等績效指標來看，卻是 Yodobashi 位居市場第一名。該公司總經理藤昭和表示：「我們的成功，並不只是在販賣顧客的滿足而已。而是進一步打造一個讓顧客走進本店，就像是走入一座『滿足與豐富宮殿』般的驚奇與極致滿意。」

創造高收益的五大原因

　　Yodobashi 能夠成為同業經營績效第一名的高收益企業，藤昭和總經理歸因於五大原因：

⑴Yodobashi 店面的交易商品數量，竟高達 53 萬個項目，遠遠超過同業。甚至很多照相機專家顧客到店裡來，要買一些很特殊的配備，在這裡都能找到。因此，商品線與品項的完整與豐富是說明 Yodobashi 公司為何勝出的第一個原因。

⑵Yodobashi 公司的全體員工，可以說一年 365 天，幾乎是天天不中斷的在進行教育訓練，特別是在「商品知識」方面，的確是領先其他同業的。

⑶Yodobashi 公司要求商品供應廠商的交貨時間，必須在 1 天之內即送到指定地點。過去一般都是 2、3 天送達，甚至因熱銷而缺貨的

商品，也常有 1 週後才送到的狀況。但與 Yodobashi 簽約的供應廠商，被嚴格要求必須在 24 小時之內完成供貨，否則即依違約論而被罰款及記錄不良點數。因此，在 Yodobashi 店面幾乎不可能出現貨賣完了及貨還沒到等品缺現象。

⑷Yodobashi 公司從 1989 年起，即率先實施顧客點數優惠卡（Point Card），這是為了促使顧客再度上門購買的方法之一，目前發卡已有 2,000 萬張，也就是有 2,000 萬名會員，這樣的紀錄在業界是首位的。

⑸Yodobashi 店內，即使有已經賣得不錯的商品品項，但該公司也從不以此為滿足，繼續放置這些商品。而是會不斷引進國內外在功能、規格、設計、用途上不同的新產品，亦即要不斷的改變及置放不一樣的商品。

以上 5 點成功原因，也是藤昭和總經理上任來，一直強調的「反同質化」經營與行銷策略的總方向及總策略。他認為唯有反同質化，才能創造出差異化與獨具特色的賣點，而這也是為什麼 2,000 萬名會員顧客會一再購買的原因，因為一旦顧客有缺什麼東西，或想買什麼商品，只要是相關的東西，他就會不自覺的走進 Yodobashi 的 19 家店內購買。

因為 Yodobashi 店內的動線流暢、購物空間寬敞、商品種類齊全、價格合理，又能使用點數優惠卡享有優惠，以及現場的每一位售貨人員對商品的了解都非常專業，能夠做到無所不答的境界，這些都能讓顧客感到安心，並對其深具信心，這就是 Yodobashi 成功的原因。

經營績效居冠

Yodobashi 公司的營收額從 1996 年的 1,900 億日圓，快速成長到 2023 年的 6,100 億日圓，20 多年來成長 3 倍之多。而營業淨利率亦從 4.2% 上升到 6.5%，遙遙領先營收額位居老大的 YAMADA（山田）公司的 1.5%，是它的 4 倍之高。顯示在獲利方面，僅有 19 個店面的 Yodobashi 公司遠遠超過擁有 193 個連鎖店面的 YAMADA 公司。Yodobashi 的平均毛利率，約為 19% ～ 20% 左右，與一般家電資訊賣場同業差不多，但其管銷費用卻僅有 12.9%，比一般業界還低 5%，故使其獲利率優於其他業者。而在每年商品周轉次數方面為 23.1 次，亦比一般

業者的 9.7 次，多出約 2 倍，顯示 Yodobashi 公司的商品周轉率是高的，也同時說明了該公司成功掌握「單品管理」。

另外，在每人創造經營利益額方面，Yodobashi 為每人每年創造 1,465 萬日圓，此亦比其他行業，諸如賣男裝、賣女裝、賣綜合商品的連鎖賣場還要高。連續 12 年來，Yodobashi 公司不管在營收額或獲利率方面，均呈現快速成長，顯示該公司擁有實力堅強的經營團隊。

全體員工不斷提升商品知識

Yodobashi 公司非常重視所有在第一線店面銷售人員的商品知識研修及提升，每天早上 10 點，全國 19 個店面的各產品線負責組長，即召集底下的 10 多名銷售人員，進行 20 分鐘的新商品知識及銷售的重點說明。另外，每天晚上，在店面 9 點打烊後，每個店面的店長還會巡迴各產品線區域，然後進行約 1 小時的商品知識課程，上完課後，員工才能下班回家。因為是在晚上上課，故可避免早上的喧鬧，在安靜教室中研修，效果很好。

以某一天晚上為例，在大阪梅田店電視機產品線賣場的販售人員，計有 12 人都出席當晚的研修課程。上完課後，講師會一個個抽問今天上課的內容。例如：液晶及電漿電視機的消耗電力是多少？它們與傳統映像管電視機有何不同？有何優點？為何有差別？還有在功能、品質、維修、各品牌比較、價格比較、畫面尺寸大小的比較、家裡坪數適合的款型等幾十個一般顧客都會問到的問題。如果，銷售人員在教室內答不出來或答錯了，或答不完整，都會被店長記點，成為每季及每年考績扣分的依據。因此，每位學員都很用心記筆記及聽講，強迫自己吸收。如此，時間一久，全體員工每晚研修 1 小時才能下班的風氣，已成為 Yodobashi 的企業文化及工作任務重要的一環了。

藤昭和總經理表示，在這短短 1 小時內，每個人用心聽，每個人正確答覆問題，這就達到了「知識共有」的最大目的。難怪同業都認為 Yodobashi 公司第一線銷售人員的「產品說明能力」位居同業之冠，而其所創造出來的每人生產力，自然也領先同業。

紀律嚴明，員工無一人染髮

現場服務業很重視服務人員的外表、儀態及服務態度。Yodobashi 公司及 19 個店面，總計有 2,700 名員工，以 20 歲～ 30 歲的年輕員工居多，但很特別的是，該賣場內不論男女，竟然看不到任何一個人將頭髮染得紅紅綠綠的，讓顧客看起來好像都是有紀律的、有規矩的、具專業性的銷售人員，完全不會引起顧客反感，讓顧客留下好印象，認為該店具有一定的用人水準及管理要求。我們亦經常看到日本或臺灣的便利商店中，有些年輕工讀生的頭髮留得好長或是染得紅紅綠綠的，這樣可能會讓顧客有不好的感覺。

大量任用年輕有為的幹部

Yodobashi 公司在用人方面，也充分做到晉用優秀的年輕幹部或店長。例如：在梅田店的宇野智彥 28 歲，進公司才 4 年，但他是販賣薄型電視機的銷售高手，經常獲得銷售冠軍，他以豐富專業的商品知識，以及熱忱的服務態度，獲得眾多顧客的肯定，目前已升任經理級幹部，領導 60 個部屬。這就是 Yodobashi 公司破格用人的政策哲學。藤昭和總經理則表示：「只要是好人才，只要是對公司有貢獻，我們是不看年齡的。這樣公司才會更年輕有活力，也才會有好的企業文化。Yodobashi 公司近 10 年來會成長得如此快速，這也是一個關鍵因素。」

要求廠商，送貨時間 24 小時完成

Yodobashi 公司為了使店面沒有品缺問題，在 1994 年時，即已引進 SAP 電腦軟體系統，透過資訊系統的電腦化與自動化，與供應廠商電腦連線，將公司每天各商品的銷售情況、庫存狀況及需求量等，傳給上千家供應廠商，並結合廠商的生產計畫及物流體系，必須在 Yodobashi 公司電腦上正式下單後的 24 小時內，準時且無誤的送達該公司 19 個店面的指定地點完成接收。換言之，Yodobashi 公司對供應商的要求是：「今天訂貨，明天就要到。」這與過去業者經常 2、3 天才送到的狀況，有了很大的進步與突破。而所有商品供應商在經過一段時間的被要求、訓練、投資

後，也都能配合良好，這也顯示出 Yodobashi 公司在貫徹一項正確決策的高度執行力及目標管理。藤昭和總經理認為，一旦顧客有過一次買不到想要的商品時，就會在心中留下不滿意、不愉快的感受。這有可能會延伸到下一次不想再來此店的心理動機。反之，如果每次來買，都能很快速的看到、找到及買到心中想要的品牌、規格、設計及項目時，顧客就會有下次再來的動機存在了。

超級旗艦店出現

2005 年 9 月，在東京秋葉原車站附近，Yodobashi 公司建好高 9 層的大樓，賣場面積高達 8,100 坪的第一個「超級旗艦店」，這也是藤昭和總經理努力追求「一等理想店」的終極目標。該店不管在各層樓配置、手扶梯、商品線、停車場、入口、出口、陳列角度與高度、裝潢品味、各區塊面積、動線安排、高級洗手間等諸多規劃上均細心設計，為的是要做出不一樣的家電、相機、資訊 3C 專賣店。

贏得顧客心

在日本，YAMADA 雖是規模及營收額最大的家電資訊連鎖賣場，但就經營績效的表現及顧客心中理想品牌，Yodobashi 公司無疑是超越YAMADA 公司的。藤昭和總經理信心十足的表示：「我們是堅守著商品的完整性要求，與接待顧客最高水準期待的心理，做深度的切入、訓練及執行貫徹，才會贏得顧客心，也才會有今天的成果。」

把顧客及供應商，都放在「上帝」的位置

除了滿足顧客的要求之外，Yodobashi 公司也很重視與商品供應商的互動關係。藤昭和總經理就認為：「單是我們獨勝，是不足取的。唯有與幾千家供應商共生共榮，才是正確的經營之道。因為一棵大樹下，如果圍繞在旁邊的小草都枯死了，那麼這棵大樹，終究有一天也會倒下來。」所以，他堅守的經營理念就是要求所有員工必須把顧客及商品供應商都放在「上帝」的位置，以真心與熱忱來對待及服務。

Yodobashi 公司今天成功的經營管理與行銷策略典範，堪為國內企業借鏡參考。而建立一座讓顧客「滿足與感動的宮殿」，享受愉快、滿意與讚賞的購物經驗及評價，則是任何一家大公司及大賣場獲取連年高收益最核心關鍵指標及內涵之所在。

問·題·研·討

1. 請討論 Yodobashi 公司能夠創造高收益的五大原因為何？
2. 請討論 Yodobashi 公司經營績效居冠的狀況及原因何在？
3. 請討論 Yodobashi 公司如何不斷提升全體員工的商品知識？
4. 請討論 Yodobashi 公司為何大量任用年輕有為的幹部？
5. 請討論 Yodobashi 公司如何要求廠商送貨時間在 24 小時內完成？
6. 請討論 Yodobashi 公司如何看待顧客及供應商的經營理念？
7. 總結來看，請從策略管理角度來評論本個案的含義有哪些？重要結論又有哪些？以及您學習到了什麼？

個案 16 case sixteen

Walgreens

美國第一大藥妝店行銷致勝祕訣

Walgreens 以每 19 個小時即開出一家直營店鋪的驚人速度，包括在全美各州，目前已達 4,800 家連鎖店，平均每天每店的購買人數達 3,000人，比日本最強的 7-11 便利商店人數還高出 3 倍。

Walgreens 成立於 1901 年，當時由創辦人 Charles R. Walgreens 在美國伊利諾州的芝加哥成立第一家藥局，直到 1909 年才開出第二家店。在 1916 年有 9 家直營店時，才更名為 Walgreens。

1984 年突破第 1,000 家店，1994 年開出第 2,000 家店，2000 年開出第 3,000 家店。2001 年在紐約證券市場上市，2003 年突破第 4,000 家店，2023 年已突破 5,000 家店。Walgreens 既是美國第一大，也是全球最大的藥妝店連鎖公司。

卓越的經營績效

2023 年 Walgreens 營收額高達 400 億美元（約臺幣 1.2 兆元），獲利額為 13.5 億美元（約臺幣 432 億元）。Walgreens 已創造出連續 30 年來，其營收及獲利額均雙雙成長的超優良紀錄。與 1994 年時相比，近 10 年來的營收及獲利均呈現 400% 的高成長態勢。而每年亦有高達 14 億人次的美國消費者惠顧該連鎖店。

以 WalMart 為代表的全球第一大量販折扣店，其規模經濟的採購優

勢，強調天天都便宜，並陷入價格折扣戰之中。但是，Walgreens 藥妝連鎖店卻不走此道，反而以其經營特色產品差異化及行銷服務創新，走出自己的特色及風格。而且在產品售價上，亦出現比 Walmart 及其他競爭對手店還高的定價結果；例如：一條平價口紅，在 Walmart 售價 6.96 美元，但在 Walgreens 則賣到 9.96 美元，硬是比 Walmart 還高出 3 美元。

行銷致勝祕訣：每天了解顧客心理

Walgreens 董事長兼 CEO 貝墨爾（David W. Bemauer）對於該公司在藥妝連鎖業界能夠獲得壓倒性的致勝祕訣，他深刻地表示：「我們對顧客的事情，沒有不知道的。」

大家都知道在全美 50 州內，幅員極為遼闊，人口種族由多元所組成，國民所得差異亦大，各地域文化與消費習性亦有所不同。「但 Walgreens 仍會從各種角度、立場及消費者情境，每天努力用心地去發現顧客心理，這是我們數十年來經營的唯一心得與堅持。」貝墨爾董事長表示，Walgreens 重視與顧客共感的知覺，在各種細節服務及待客禮儀上，均領先業界先驅，不斷創新改革；並從各種試行失敗中，獲得教訓及成功契機。

另外，Walgreens 總經理傑佛瑞（Jeffery）亦意有所指地表示：「我們雖然擁有最先進的每月 POS 資訊科技銷售統計系統，但長期以來，我們也不能過於相信這些資訊，因為這是事後的結果。而更重要的是，必須掌握事前的需求及變化的趨勢。因此，我們的經營層每年均要外出巡迴查訪至少 1,000 家以上的門市，並與顧客及店面員工充分交換意見。」

Walgreens 高階管理階層的平均年資均已超過 20 年，離職率亦很低，長久以來，均已能掌握變動中顧客及員工的心。

反古典消費學

傳統古典消費學的根本觀點，就是指「大眾消費學」。透過大眾化產品，針對大眾化消費者，以大眾化行銷推廣手段及工具，達成大眾化經營成果。但是，現今市場環境已產生重大改變，這些改變有 3 點：(1) 面對分散化、分眾化的消費者趨勢；(2) 面對經常在移動中的消費者的心；(3)

面對看不見的消費者內在的聲音。這就是現今反古典消費學的最新事實發展。

Walgreens 藥妝連鎖店在面對上述反古典消費學趨勢下，有相對的因應措施，包括：

⑴面對分散化、分眾化的消費者趨勢：該公司自 2000 年起，即下令告別過去長久以來店面設計與經營標準化模式的要求。換言之，全美各地的 Walgreens 連鎖店將可因地制宜而差異化，不必再有同樣的標準。因此，全美 5,000 家店面，在進貨品項、價格、促銷及服務等方面，均可依據地域不同、居民所得不同及消費者特性等狀況，而改變體制與創新行銷手法。

⑵面對經常在移動的消費者的心：Walgreens 深刻體認到過去是追逐及滿足一致性大眾的需求，而今天則是追求滿足個別的顧客。即使是一個顧客的心聲反映，亦要了解其需求為何、想法為何，以及不滿為何。對消費者的任何期望，不管做得到或做不到，或者意義大或小，均須「即刻」反映。讓消費者能感受到這裡就是歸屬於我的店與我必須要買東西的地方，最終就可以增加顧客的忠誠度。

⑶面對看不見的消費者內在的聲音：Walgreens 董事長及總經理，每年分別會訪查至少 1,000 家以上的門市店，他們都充滿著深深掌握顧客的那種責任感及堅定信念：「對顧客的事，不可不知，不能不知，不應不知。」並且，寧願從各種行銷試行的錯誤中學習，也不願停止或中斷行銷創新改革的步伐。

努力掌握顧客心

Walgreens 藥妝連鎖店目前已有 30% 的店面導入 24 小時營業，由於美國地方很大，大醫院不算普及，因此夜間也有緊急醫藥用品或藥劑師配藥的需求。自從推出 24 小時服務後，夜間光臨 Walgreens 的顧客明顯增加了。此外，無形中也增加了消費者對 Walgreens 品牌的安心感及信賴感，與 7-11 24 小時燈火通明的安心感受是一模一樣的。當初推出此制度時，雖然也有不少主管以營運成本會升高、藥劑師不好找等理由而反映困難重重，但貝墨爾董事長還是堅持為顧客做最好與最及時的服務，即使損

失一些獲利也要做下去。

另外，在 Walgreens 的 5,000 家店中，已有 80% 的店面擁有得來速駕車取商品的快捷服務。當初此設想是為美國 65 歲以上的老年人所做的服務，沒想到推出後，連帶使一些趕時間的職業婦女及生意人等顧客，也採取此種購物服務方式，反而贏得更多好評。再者，Walgreens 在店內的結帳處，通常開放 1 個窗口，但是，只要有 3 個以上顧客在等待結帳付款，就會再開啟第 2 個結帳口，由原來在店內負責商品陳列的服務人員支援服務，絕不會讓顧客因為結帳人數太多而等太久時間，引起顧客的不耐及抱怨，這也是經常在大賣場看到的不好現象。

Walgreens 平均每個店面大約有 300 坪左右。為了給顧客共感的視覺，他們在店內各類產品線擺設的裝潢色系上，也做了慎重研究及思考。例如：化妝品區以代表美麗的粉紅色系為主；藥品區以讓人信賴的白色系為主；健康食品則以自然的綠色系為主。

Walgreens 藥妝店內，雖然也有高級品牌，以滿足較富裕的購買者需求。但大體而言，其商品及價格大致以平均化的美國顧客條件和需求滿足為經營基礎。

在「大眾消費已死」的反古典消費學中，Walgreens 藥妝店廢止了一貫式的標準化商店營運模式，而針對美國各地區、各不同所得階層、各不同族群、各不同年齡消費群的嗜好及其不斷改變中的需求與期待，追索明天的顧客，從這一點來看，Walgreens 的確是一個很好的典範。事實上，Walgreens 也是目前全世界第一家做到店內商品的標示說明語言，已有英語、日語、西語、法語、中文等 14 種國際不同主要語言的藥妝店；當然這也是為了因應美國市場為民族大熔爐的這種特殊事實。

並不憂慮 WalMart 加入競爭

最近有傳言全球零售業龍頭老大 Walmart 亦想加入藥妝店的新事業擴充經營，但 Walgreens 並不憂慮。有分析師認為，即使 Walmart 有君臨天下的壓倒性採購優勢，但 Walmart 亦有其弱點，那就是對市場適應力的脆弱。例如：Walmart 在日本市場，即使買下西友零售公司，至今在日本市場仍然陷入苦戰之中。

Walgreens 董事長貝墨爾也表示：「我們的調適應變力非常迅速，因

為我們了解到『change or die』（不改變，即死亡）的道理。Walgreens 能在美國藥妝連鎖事業上，長期占據居 No. 1 的領先地位，那是因為我們對顧客的事，今天比昨天更加努力用心的去了解、掌握及因應。我們並不以採購低價及產品低價為行銷訴求。Walgreens 的經營優勢，就在於我們深入地了解美國人，我們全方位地掌握美國顧客所關心的每一件大大小小的事情。因此，我們贏得了顧客的心及行銷競爭力的根本所在。面對外界的各種可能競爭，Walgreens 一路走來，從無畏懼。」

問·題·研·討

1. 請討論 Walgreens 公司的店數或成長歷程如何？及其卓越經營績效如何？
2. 請討論 Walgreens 公司行銷致勝祕訣何在？他們是怎麼做到的？
3. 請討論所謂反古典消費學？Walgreens 公司在面對反古典消費學趨勢下，有何相對的因應措施？
4. 請討論 Walgreens 公司有哪些做法可有效掌握顧客的心？
5. 請討論 Walgreens 公司為何不憂慮 Walmart 加入競爭？
6. 總結來看，請從策略管理角度來評論此個案的含義有哪些？重要結論又有哪些？以及您從中學習到了什麼？

個案 17　case seventeen

寶格麗

頂級尊榮精品異軍突起

　　全世界知名的珠寶鑽石名牌精品寶格麗（BVLGARI），創始於 1894 年，已有 130 年歷史。寶格麗原本是義大利一家珠寶鑽石專賣店，1970 年代才開始經營珠寶鑽石品牌事業。1984 年以後，寶格麗創辦人之孫崔帕尼（Francesco Trapani）就任 CEO 後，才全面加速拓展寶格麗頂級尊榮珠寶鑽石的全球化事業。

產品多樣化策略

　　崔帕尼接手祖父的寶格麗事業後，即積極開展事業的企圖心，首先從產品結構充實策略著手。早期寶格麗百分之百營收來源，幾乎都是以高價珠寶鑽石首飾及配件為主；但崔帕尼執行長積極延伸產品項目到高價鑽錶、皮包、香水、眼鏡、領帶等，不同類別的多元化產品結構。

　　2006 年寶格麗公司營收額達 9.2 億歐元（約臺幣 510 億元），其中，珠寶鑽石飾品占 40%、鑽錶占 29%、香水占 17.6%、皮包占 10.6%，以及其他占 3.1%，產品營收結構已經顯著多樣化及充實化，而不是依賴在單一化的飾品產品上。

打造高價與動人的產品

　　寶格麗的珠寶飾品及鑽錶是全球數一數二的名牌精品，崔帕尼表示，寶格麗今天在全球珠寶鑽石飾品有崇高與領導的市場地位，最主要是我們堅守著一個百年來的傳統信念，那就是：「我們一定要打造出令富裕層顧客可以深受感動與動人價值感的頂級產品。讓顧客戴上寶格麗，就有著無比頂級尊榮的感受。」

　　寶格麗公司為了確保他們高品質的寶石安定來源，在過去 2、3 年來，與世界最大的鑽石及寶石加工廠設立合資公司。另外，亦收購鑽錶精密加工技術公司、金屬製作公司及皮革公司等。寶格麗透過併購、入股、合資等策略性手段，更加穩固了他們的高級原料來源及精密製造技術來源，為寶格麗未來快速成長奠下厚實的根基。

擴大全球直營店行銷網

　　寶格麗在 1991 年，全球只有 13 家直營專賣店，那時候幾乎全部集中在義大利、法國、英國等地。那時候的寶格麗，充其量只是一家歐洲的珠寶鑽石飾品公司而已。但是在崔帕尼改變政策而積極步向全球市場後，目前寶格麗在全球已有 220 家直營專賣店，通路據點成長近 17 倍之巨。

　　寶格麗各國的營收結構比，依序是日本最大，占 27.6%；其次為歐洲地區，占 24.4%；義大利本國市場占 12.4%；美國占 15.6%；亞洲占 6.1%；中東富有石油國家占 14%。寶格麗公司全球營收及獲利，連續 5 年均呈現 10% 以上的成長率，可說是來自於全球市場攻城掠地所致；尤其日本市場更是寶格麗的海外最大市場。展望未來的海外通路戰略，崔帕尼表示：「寶格麗未來仍會持續高速成長，而最大的商機市場，將是在中國。我們目前已在上海設有旗艦店，北京也有 2 家專賣店，未來 5 年，我們會在中國至少 20 個大城市持續開出專賣店。中國 13 億人口，只要有 1% 富裕者，即有 1,000 萬人潛力市場規模，距離這個日子並不遠了。」寶格麗預計由於中國市場的拓展，3 年內全球直營店數量將突破 300 家。

投資度假大飯店的營運策略

寶格麗公司已在印尼峇里島度假勝地，設立六星級的寶格麗度假大飯店，每一夜住宿費用高達臺幣 3.3 萬元，是峇里島最昂貴的房價。寶格麗休閒度假大飯店主要是為全球寶格麗 VIP 頂級會員顧客招待而設立的，此種招待手法也提升了 VIP 會員的尊榮感及忠誠度。2007 年底，寶格麗在最大獲利市場的日本東京銀座，完成建造 11 層樓的寶格麗旗艦店，裡面有 VIP 俱樂部、專屬房間、精緻的義大利菜供享用，以及各種提箱秀、展出秀等活動舉辦，大大增加與頂級富裕顧客會員的接觸及服務。

頂級尊榮評價 No.1

崔帕尼曾在媒體專訪時，被問到寶格麗公司營收額僅及全球第一大精品集團 LVMH 的 1/15 有何看法時，他答覆說：「追求營收額全球第一，對寶格麗而言並無必要。我所在意及追求的目標是，寶格麗是否在富裕顧客群中，真正做到他們對寶格麗頂級品質與尊榮感受 No.1 的高評價。因此大力提高寶格麗品牌的頂級尊榮感（prestige）是我們唯一的追求、信念及定位，我們永不改變。」寶格麗為了追求這樣的頂級尊榮感，因此堅持高品質的產品、高流行感的設計、高級裝潢的專賣店、高級的服務人員、高級的 VIP 會員場所，以及高級地段的旗艦店等行銷措施。

璀璨美好的極品人生

寶格麗在崔帕尼執行長以高度成長企圖心的領導下，以全方位的經營策略出擊，包括：產品組合的多樣化、行銷流通網據點的擴張布建、海外市場占比提升、品牌全球化、知名度大躍進、VIP 會員顧客關係經營的加強以及媒體廣告宣傳與公關活動的大量投資等，都有計畫與目標性的推展出來。

寶格麗這家來自義大利百年的珠寶鑽石名牌精品公司，堅持著高品質、高價值感、高服務、高格調、高價格及頂級尊榮感的根本精神和理念，為寶格麗的富裕層目標顧客，穩步帶向璀璨亮麗的美好極品人生。

問·題·研·討

1. 請討論寶格麗公司為何要發展產品多樣化策略？該公司發展了哪些產品的多樣化？成果如何？

2. 請討論寶格麗公司堅守著一個百年來的傳統信念是什麼？為何要有此信念？

3. 請討論寶格麗公司透過哪些策略性手段來鞏固他們的實力？

4. 請討論寶格麗擴大全球直營店行銷網的成果如何？該公司為何要如此做？

5. 請討論寶格麗公司認為未來海外最大市場在哪裡？為什麼？

6. 請討論寶格麗投資度假大飯店的營運策略目的何在？為什麼？

7. 請討論寶格麗執行長在被問到該公司與全球第一大精品集團 LVMH 比較時有何說法？您認同嗎？為什麼認同或為什麼不認同？

8. 請討論寶格麗公司在崔帕尼執行長高度成長企圖心領導下，做出哪些策略？

9. 請討論寶格麗的目標客層何在？要把他們帶向何方？

10. 總結來說，從本個案中，您學到了什麼？您有何評論或觀點？

個案 **18**　case eighteen

日本商社

引進獲利管理機制，浴火重生

　　一度在全球市場叱吒風雲的日本商社，卻在轉投資事業上栽了大跟頭，業者勵精圖治，強化投資事業獲利管理機制，終能浴火重生，再度展翅高飛。

　　回顧 1960、1970 及 1980 年代，日本當時的九大商社呼風喚雨，囊括日本大部分進出口值。1990 年代，因應龐大海內外轉投資失利，日本商社陷入經營困境。這突顯業者對投資事業的管理相當鬆散，不只事前評估不夠嚴謹，連事後的管理也不夠用心，造成資金運用效率低落。商社的存在價值，備受爭議。

　　誠如伊藤忠商事總經理小林榮二所言：「伊藤忠已有 150 年歷史，過去 130 多年經營貿易的單一營運模式，早已不合時宜。過去商社靠資訊情報及金融操作賺錢，如今面臨資訊科技迅速普及、低利率時代等環境變化，這種情形已大為改觀。」

銳意改革，成績可觀

　　近 5 年來，五大商社銳意改革，大幅調整事業及獲利結構，成績令人刮目相看。

　　三菱、住友、三井、伊藤忠、丸紅五大商社獲利從 2001 年的 780 億日圓，擴增為 2004 年的 5,100 億日圓，2023 年更躍增為 3 兆日圓，短短

20多年成長6倍之巨，讓1990年代輿論提出的「商社無用論」，再也站不住腳。

轉投資事業成功

綜合商社獲利好轉，很多人歸因於全球原物料交易大增及價格上漲，其實這只對了一半，另一半的答案是轉投資事業成功。2002年，資源與金屬部門貢獻五大商社73%獲利，但到2005年，這個比率已降到53%；換言之，五大商社近半獲利來自非資源部門，轉投資事業貢獻可觀。

五大商社積極向各行各業靠攏，例如：三菱商事在澳洲煤炭開發事業投入1,000億日圓，以2,100億日圓收購日本Lawson便利商店股權；伊藤忠商事也看好日本便利商店前景，投資Family Mart 1,400億日圓。住友商事則跨足電視購物，投資Jupiter公司數百億日圓。

各事業單位都是利潤中心

為了確保轉投資成功，五大商社各出奇招。1997年，住友商社引進美國金融機構的風險報酬（RR）機制，要求子公司及海外事業單位年獲利率必須維持資金成本以上水準，否則視為風險管控不佳，必須採取斷然措施。

推動改革5年～6年來，成效卓著。1998年，達到此一標準的事業單位只有19%，到2005年，已升為56%，2007年可達73%。

三菱商社則把營業部門切割成幾十個事業單位（BU），每一個BU都是一個利潤中心，同樣要求獲利率不得低於資金成本，並引進經濟附加價值（EVA）概念。

三菱更將各個BU，依照市場成長性劃分為2類：一是最好狀況下的有能力擴張型事業，二是狀況不佳的改革型事業。

針對獲利不佳BU，三菱訂下3年改革期限，期限一到仍無法改善，就必須面臨合併其他事業單位、出售、結束營運等惡運，斷然實施退場機制。獲利理想的BU，則擴大投資。

三菱商事總經理小島順彥表示：「我們秉持的原則是，實力強的事業就擴大投資，讓它們更強；積弱不振的事業就補強，希望它們轉弱為強，

要不然就撤退。這樣才會形成良性循環。」5 年來，三菱陸續在轉投資事業單位引進獲利管理機制，轉投資事業經營有成，到 2005 年，獲利占比高達七成。

至於賠錢事業單位虧損金額則明顯降低。2001 年，虧損總額 770 億日圓，到 2005 年減至 330 億日圓。而賺錢事業單位獲利則從 2001 年的 1,400 億日圓，幾乎倍增為 2005 年的 2,600 億日圓。

積極培育經營人才

五大商社積極出擊，迫切需求開疆闢土的人才，如何培育各行各業的經營人才，成為業者的新課題。

三井物產人才開發室經理龍口齊坦承：「這 4 年來，海內外事業投資失敗的案例，有一半以上歸因於經營人才不足。」

為了培育可以投入各行各業的經營人才，三菱商事成立高階幹部經營塾，每年挑選 30 位 40 歲～50 歲的中堅幹部，進行為期 3 個月的特訓，利用週六、週日上課。結訓當天，特訓班分成 3 組向總經理做專題報告。這些人才未來將擔任三菱旗下各事業單位的掌舵人。

問・題・研・討

1. 請討論 1990 年代日本大商社陷入經營困境的原因為何？
2. 請討論日本商社的本質與營運模式有了哪些重大改變？
3. 請討論 2001 年～ 2006 年日本五大商社的獲利績效有哪些大幅轉好表現數據？原因是什麼？
4. 請討論何謂風險報酬（Risk Return, RR）機制？
5. 請討論三菱商社如何執行事業部門利潤中心制度？
6. 請討論五大商社為何要積極培育經營人才？
7. 總結來看，請您從策略管理角度來評論本個案的含義有哪些？重要結論又有哪些？以及您學到了什麼？

個案19　case nineteen

企業帝國

百年不衰啟示錄

🔵 日本豐田汽車公司

　　日本豐田（TOYOTA）汽車的前身，是由豐田佐吉先生設立長達 100 多年的豐田商店，然後再由豐田喜一郎先生於 1937 年前將其轉型爲豐田汽車公司。合算起來，亦算是超過 100 年的豐田家族企業。豐田汽車集團在 2002 年度的營收總額，高達 12.5 兆日圓（約臺幣 3.1 兆元），經常利益額達 1.2 兆日圓（約臺幣 3,000 億元），是日本第一大企業集團。百年的豐田汽車歷久不衰，目前在日本仍是名列前茅的績優企業，也是日本跨國化企業的主要代表之一，因爲 TOYOTA 的汽車品牌在世界各地幾乎都可以看得到。

　　從豐田喜一郎到豐田章一郎名譽董事長，以及昔日社長張富士夫一脈相承的過程中，可以歸納出以下豐田百年不衰的三大經營策略。

⑴ 人才第一主義

　　豐田汽車公司認爲要製造出優質的汽車，首要條件就是要有優秀的人才。因此，在豐田汽車公司裡，非常重視人才的培育、養成以及長期安定僱用。

⑵ 永恆改善的思想

　　豐田汽車公司認爲要持續不斷突破生產、技術、開發及業務的界限，

亦即要具備永恆改善的思想。尤其名譽董事長豐田章一郎的信念是：「今天要比昨天好，明天要比今天更好」。因此，豐田汽車公司不管是在生產第一線工廠、研發中心，或是銷售展示中心，都會有不斷創新的改善要求與具體行動，使 TOYOTA 營運日日新、年年新，並且與宣傳標語「明日的 TOYOTA」精神展現一致。

⑶ 準備充足資金，以應付任何危機

在日本，豐田是儲存最多現金的公司之一，豐田公司認為企業在長遠的經營歲月中，必然會面臨不可預測的危機，因此，公司一定要儲存充足的戰備糧食（亦即資金），才能度過難關，否則無法百年經營。

事實上，豐田汽車的確經歷過 1980 年代初的日美貿易逆差與汽車銷美限制危機，以及 1985 年日圓貶值到 1 美元對 2,000 日圓的不利條件。但最終都能克服困難，度過逆境。

現階段豐田汽車公司在經營戰略方面，主要重視以下幾個方面：

① 全球最適調配與生產：豐田汽車公司在全球 24 個國家，成立 41 家在地法人公司，分別負責汽車零組件或是完成車輛組裝作業。豐田的原則是考量位處美國、歐洲及亞洲的工廠，如何做好這些工廠之間的零組件調配運送與組裝成車，使汽車的成本最低、效率最高，而且能夠迎合市場需求。

② 力行海外本土化：經過 20、30 年的經驗，豐田汽車已經體會到海外工廠必須融入當地文化、風俗與人情，而在用人方面，也都將高階職位委由當地精英人才來擔任。目前豐田在英國及美國工廠的最高負責人都是當地人，而不是日本人。

③ 掌握尖端技術：豐田汽車公司數十年來大都能夠掌握尖端汽車設計技術，因此汽車研發技術都能夠領先同業。

🔵 雀巢食品集團

全球最大的食品集團——雀巢（Nestle），2001 年營收額達 814 億法郎（約臺幣 1.5 兆元），全球生產與銷售據點達 480 個，全球僱用員工高達 23 萬人。雀巢已超過 158 年（1866～）的經營歷史。雀巢食品集團營收結構，包括：飲料（含咖啡）為 28.3%，乳製品為 27%，調理食品為

25%，以及其他產品。特別是全球每年喝掉 946 億杯雀巢咖啡，咖啡市場占有率居世界第一。

(1) 經營理念：Good Food, Good Life

雀巢百年來的經營理念，始終是提供最好的食品，並為消費者的生活產生貢獻。

(2) 經營祕訣

雀巢公司保持百年不衰的 3 項經營祕訣是：

① 重視持續成長：全球食品市場大概每年僅保持 2% 的成長率，但是雀巢公司卻要求公司內部每年保持 4% 的成長目標。事實上，雀巢總公司也都能達成這樣的營運目標。這主要是得力於海外市場的成長，包括美國、法國、英國及日本等海外主力市場的貢獻。因為只仰賴母公司所在的瑞士，是不可能有大幅成長的。

② 中央集權與各國分權拿捏妥當：在布局全球的發展中，雀巢公司在中央集權與各國分權方面，獲得平衡效果。舉凡對資金調度、研究開發及品牌管理 3 件事，雀巢公司是採取由總公司統籌辦理。但是，另外在商品開發、行銷及廣告活動方面，則是委由各國當地自行發揮處理。

③ 全球雀巢家族價值觀一致：百年來雀巢透過併購，吸納了很多不同國家的公司或工廠。並且由於國際化的積極拓展，雀巢家族成員中已有 55 種不同語言，但是家族中每一個成員，雖然是不同國家或是不同種族，卻有一致的價值觀。此外，雀巢公司總部亦非常重視國際各地人才開發；因為雀巢公司相信該公司能夠歷經 150年之久，就因為有一支數千人組成的國際經營團隊之共同智慧與用心努力，才有今天的地位。

迪士尼娛樂王國

迪士尼（Disney）公司迄 2023 年，已成立 123 年了，米老鼠（Mickey Mouse）也誕生 120 年了。迪士尼公司所出品的卡通、電視頻道、主題樂園以及周邊商品等，都是家喻戶曉的。迪士尼公司所堅守的經營理念，即是提供全球家庭中的小孩們一個夢想。而其成功祕訣，則有下列 3 點：

(1)確保出品影片的品質最優。

(2)將影片延伸至商品經營。

(3)製作現場第一主義的重視。

迪士尼陪伴全球無數家庭與小孩，度過了他們美好的童年歲月，與此同時，也維繫了迪士尼的百年基業於不墜。

結語：3家百年不墜企業帝國的含義

以上介紹豐田汽車、雀巢食品集團以及迪士尼娛樂王國等 3 家百年不墜企業帝國的經營歷程、理念祕訣，我們可以得到下列幾點結論。亦即要成為百年企業，必須掌握以下 5 項重點：

(1)確信人才第一，有一流人才，才有可能成就一流的企業。因此，企業家如何招募、培育、發展公司內部的幹部團隊，是第一件要做的事。

(2)追求更好的成果，永不滿足於現狀。企業家及幹部團隊，每天要問自己：我們比昨天進步了嗎？突破了嗎？如果沒有，那表示還有很大的努力空間，還需要更努力。

(3)要確信持續性成長的可能性及目標。唯有保持事業成長、營收成長、獲利成長，企業組織、人員及精神，才能生生不息，保持活力，永遠向前、向上推進。

(4)要確信我們是否為可能出現的危機，做好了相關的因應措施及相關資源準備呢？

(5)要確信我們是否與時代的趨勢同步？我們是走在創新與變革的正確路程上嗎？

能做到以上 5 點，那麼企業將可以躍升至百年不墜的企業帝國行列。

問·題·研·討

1. 請討論日本豐田汽車公司百年不衰的經營理念為何？
2. 請討論日本豐田汽車公司現階段的經營戰略有哪些方向？
3. 請討論雀巢食品集團保持百年不衰的 3 項經營祕訣為何？
4. 請討論迪士尼娛樂王國的成功 3 項祕訣為何？
5. 請分析上述 3 家百年不墜企業帝國的經營含義何在？
6. 總結來看，請從策略管理角度來評論本個案的含義有哪些？重要結論又有哪些？以及您學習到了什麼？

國家圖書館出版品預行編目(CIP)資料

策略管理：實務個案分析／戴國良著.－－七
版.－－臺北市：五南圖書出版股份有限公
司, 2024.09
面；　公分
ISBN 978-626-393-746-8（平裝）

1.CST: 策略管理　2.CST: 個案研究

494.1　　　　　　　　　　113013070

1FI6

策略管理：實務個案分析

作　　　者 — 戴國良

企劃主編 — 侯家嵐

責任編輯 — 吳瑀芳

文字校對 — 石曉蓉

封面設計 — 姚孝慈

出 版 者 — 五南圖書出版股份有限公司

發 行 人 — 楊榮川

總 經 理 — 楊士清

總 編 輯 — 楊秀麗

地　　　址：106臺北市大安區和平東路二段339號4樓

電　　　話：(02)2705-5066　　傳　　真：(02)2706-6100

網　　　址：https://www.wunan.com.tw

電子郵件：wunan@wunan.com.tw

劃撥帳號：01068953

戶　　　名：五南圖書出版股份有限公司

法律顧問 — 林勝安律師

出版日期：2005年 8 月初版一刷
　　　　　2006年10月二版一刷
　　　　　2007年11月三版一刷（共二刷）
　　　　　2017年 9 月四版一刷
　　　　　2019年10月五版一刷
　　　　　2021年 8 月六版一刷
　　　　　2024年 9 月七版一刷

定　　　價：新臺幣480元

經典永恆·名著常在

五十週年的獻禮 —— 經典名著文庫

五南，五十年了，半個世紀，人生旅程的一大半，走過來了。

思索著，邁向百年的未來歷程，能為知識界、文化學術界作些什麼？

在速食文化的生態下，有什麼值得讓人雋永品味的？

歷代經典‧當今名著，經過時間的洗禮，千錘百鍊，流傳至今，光芒耀人；

不僅使我們能領悟前人的智慧，同時也增深加廣我們思考的深度與視野。

我們決心投入巨資，有計畫的系統梳選，成立「經典名著文庫」，

希望收入古今中外思想性的、充滿睿智與獨見的經典、名著。

這是一項理想性的、永續性的巨大出版工程。

不在意讀者的眾寡，只考慮它的學術價值，力求完整展現先哲思想的軌跡；

為知識界開啟一片智慧之窗，營造一座百花綻放的世界文明公園，

任君遨遊、取菁吸蜜、嘉惠學子！